DB-Wagen

Reisezug- und Güterwagen

Michael Dostal

GeraMond

Impressum

Verantwortlich: Lothar Reiserer
Satz: Michael Dostal
Repro: Cromika
Einbandgestaltung: Ralph Hellberg
Herstellung: Anna Katavic
Printed in Slovenja by Florjancic

★ ★ ★ ★ ★

Sind Sie mit diesem Titel zufrieden? Dann würden wir uns über Ihre Weiterempfehlung freuen.
Erzählen Sie es im Freundeskreis, berichten Sie Ihrem Buchhändler, oder bewerten Sie bei Onlinekauf. Und wenn Sie Kritik, Korrekturen, Aktualisierungen haben, freuen wir uns über Ihre Nachricht an GeraMond Verlag, Postfach 40 02 09, 80702 München oder per E-Mail an lektorat@verlagshaus.de

Unser komplettes Programm finden Sie unter

www.geramond.de

Alle Angaben dieses Werkes wurden sorgfältig recherchiert und auf den neuesten Stand gebracht sowie vom Verlag geprüft. Für die Richtigkeit der Angaben kann jedoch keine Haftung übernommen werden. Die Deutsche Nationalbibliothek verzeichnet diese Publikation in der Deutschen Nationalbibliografie, detaillierte bibliografische Daten sind im Internet über http://dnb.d-nb.de abrufbar.

ISBN 978-3-95613-034-2

Bildnachweis

Titelbild: Michael Dostal
Rücktitel: Michael Dostal

Deutsche Bahn AG: 24u, 45u, 70, 72

Dr. Bernhard Domagalski: 36u, 40u, 50o, 56, 62, 63o, 64u, 66, 67o, 69o, 73, 87, 88o, 88u, 90u, 97o, 101o, 103o, 115u, 117u, 118u, 134o, 134u, 135o, 135u, 136u, 140o, 143o, 144o, 144u, 145u, 148u, 150u, 152u, 154u

Michael Dostal: alle nicht genannten Aufnahmen

Johannes Glöckner: 143u

Roland Meier: 145o

Viktor Schiffer: 142u

Markus Weisbrod: 141o

Vorwort

Seit dem Erscheinen des Taschenbuchs „DB-Wagen“ im Jahr 2012 hat sich der Wagenpark auf deutschen Gleisen wieder merklich verändert. Mit neuen ICE-Zügen ergänzt DB Fernverkehr den Triebwagenbestand im Schnellverkehr. Für Züge, die weiterhin mit Reisezugwagen gefahren werden, hat DB Fernverkehr viele InterCity-Wagen noch einmal in ein Redesign-Programm aufgenommen und weiter an den Standard der ICEs angepasst. Auch die IR-Bistro- und Steuerwagen wurden in dieses Programm aufgenommen. Die aufgearbeiteten Wagen tragen in der Bezeichnung die Kennbuchstaben „mm“ und bekamen neue Bauartnummern. Die meisten der nicht aufgearbeiteten Wagen, in erster Linie die InterRegio-Wagen der Bauart Bimz, wurden hingegen abgestellt.

Neu in den Bestand kamen die weißen Doppelstockwagen für den IC2-Einsatz. Sie wurden aus bewähren Bauarten der Doppelstock-Regio-Wagen abgeleitet. Private Einsteller übernahmen einige alte DB-Wagen, die nun in deren Farben unterwegs sind. Dazu gehören unter anderem einige Liegewagen der Bauart Bvcmz 248, die nun von EuroExpress und BahnTouristikExpress verwaltet werden.

Nach der Übernahme von CityNightLine durch DB AutoZug Anfang 2010 und deren Eingliederung in DB Fernverkehr im September 2013 hat sich DB Fernverkehr inzwischen vom Nacht- und Autozugverkehr verabschiedet und sämtliche Schlaf- und Autotransportwagen abgestellt bzw. verkauft.

Bei DB Regio wurden weitere n-Wagen (ehemalige „Silberlinge“) aus dem Dienst genommen und durch Doppelstockwagen und Triebwagen ersetzt. So sind inzwischen alle klotzgebremsten n-Wagen ausgeschieden und von den scheibengebremsten Typen nur noch neuere Bauarten im Bestand. Die Zahl der ehemaligen DDR-Doppelstockwagen der Bauarten DBuza und der S-Bahn-Wagen (x-Wagen) ging in den letzten Jahren ebenfalls stark zurück. Ausgeschieden sind auch die „modus“-Wagen, die ab 1998 aus „Halberstädter“-Reisezugwagen umgebaut worden waren.

DB Cargo hat sich von weiteren Standard-Güterwagen getrennt, die letzten zweiachsigen offenen E-Wagen sind nun ausgeschieden. Auf der anderen Seite kamen Spezialfahrzeuge wie Coiltransport-, Containertragwagen und zweiteilige Wageneinheiten hinzu. Zudem sind einige Dienstwagen, zum Beispiel die Schotterwagen Facs 140, aus dem Dienstwagenpark in den normalen Wagenbestand übergegangen und können nun von Kunden der Bahn genutzt werden. Sämtliche Tiefladewagen werden heute vom Schwertransport-Logistik-Dienstleister Daher koordiniert und eingesetzt.

Viel Vergnügen beim Lesen wünscht

Michael Dostal
Sommer 2017

DB Regio setzt bei lokbespannten Zügen mehr und mehr auf Doppelstockwagen. Diese haben in den letzten Jahren die meisten einstöckigen n-Wagen der 1950er- bis 1970er-Jahre abgelöst. Auch bei den Doppelstockwagen ersparen Steuerwagen das Umsetzen der Lok an den Endbahnhöfen.

Inhalt

ADm 101

TEE-Aussichtswagen

Der ADm 101, 61 80 81-80 004-6, ist Museumswagen der DB. Er gehört zur zweiten Bauserie mit langen Fenstern in der Aussichtskuppel.

TECHNISCHE DATEN

- Länge ü. Puffer: 26.400 mm
- Wagenbreite: 2.825 mm
- Wagenhöhe: 4.485 mm
- Dienstmasse: 50.000 kg
- Drehgestelle: MD 34
- Höchstgeschwindigkeit: 160 km/h
- Bremse: <R> KE-GPR-Mg (D)
- Abteile: 2
- Sitzplätze
  Abteile: 12
  Aussichtsraum: 22
  Bar: 15
- Heizung: Klimade
- Erstes Baujahr: 1962

Anfang der 1960er-Jahre entsprachen die alten „Rheingold"-Wagen nicht mehr dem Stand der Zeit und die DB entschloss sich, neue Wagen zu beschaffen. Dabei wurde wieder sehr großer Wert auf eine luxuriöse Einrichtung und hohen Fahrkomfort gelegt. Die DB stellte diesen Zügen als Besonderheit außer Abteil-, Großraum- und Speisewagen Aussichtswagen nach amerikanischem Vorbild bei. 1962 lieferte Wegmann & Co. drei und 1963 noch einmal zwei Wagen.

Die Wagen laufen heute nur noch in Museumszügen. Der blaue gehört dem Freundeskreis Eisenbahn Köln, der rote wird in Sonderzügen der AKE-Eisenbahntouristik eingesetzt.

In den Wagen sind zwei Abteile mit je sechs Sitzen. Im Aussichtsdom stehen den Reisenden vier feste und 18 Drehsessel zur Verfügung. In der Bar gibt es acht Plätze an vier Tischen und vier Plätze auf einem Sofa. Vor der Theke stehen drei Hocker. Das Schreibabteil ist mit einem Tisch, Sitzen und Regalfächern ausgestattet.

Der ADm 101, 56 80 81-71 002-8, zeigt sich in der F-Zug-Lackierung des Rheingold mit blauer Brüstung. Er gehört zur ersten Lieferserie mit kurzen Fenstern in der Kanzel (Göppingen, 19. September 2011).

Avmmz 106, Avmz 108

EUROFIMA-Abteilwagen

Mitte der 1970er-Jahre beschlossen sechs europäische Bahnverwaltungen unter Federführung der EUROFIMA, baugleiche Reisezugwagen zu beschaffen. Bereits 1972 lieferte LHB probehalber zwei 1./2.-Klasse-Wagen (ABvmz 227) und einen 2.-Klasse-Wagen (Bvmz 237), denen 1974 noch vier weitere 1./2.-Klasse-Wagen folgten. Nach eingehender Untersuchung stellte die DB ab 1977 die 1.-Klasse-Wagen der Bauart Avmz 207 in Dienst. Anfang der 1990er-Jahre wurden die Wagen druckertüchtigt und in Avmz 107 umgezeichnet. Bei DB Reise&Touristik bekamen sie ab 2002 die Bezeichnung Avmz 108. Inzwischen durchliefen die Fahrzeuge ein Redesign-Programm und sind heute als Avmmz 106 unterwegs.

Für die Laufwerke wurden Drehgestelle mit Schrauben- und Flexicoilfedern verwendet. Die Bremse ist eine kombinierte Hochleistungs-Scheiben- und Magnetschienenbremse. Das Untergestell mit Kopfstücken und Seitenschürzen besteht aus U-Profilen und ist durch einen Wellblechboden verstärkt.

Der Wagenkasten ist eine Leichtstahlkonstruktion. Die Stirnwände sind durch Rammkonstruktionen verstärkt. Doppelschiebetüren ermöglichen den Zugang durch die Stirnseiten. Von den Seiten aus gelangen die Fahrgäste durch Schwenkschiebetüren der Bauart Bode ins Innere.

Der Innenraum teilt sich in zwei Einstiegsräume, zwei Toiletten, einen Seitengang und neun Fahrgastabteile. Jedes Abteil hat sechs einzeln verstellbare, gepolsterte Sitze mit gepolsterten Armlehnen und verschiebbaren Kopfpolstern mit Schonbezügen. An den Wänden sind Gepäckablagen mit Leseleuchten montiert. In den Vorräumen sind neben Toiletten mit geschlossenen WC-Systemen auch Geräteräume und Schaltschränke für die elektrischen Einrichtungen.

Die Belüftung übernimmt eine Zweikanal-Klimaanlage mit Luft als Energieträger. Das Luftbehandlungsgerät befindet sich in der Mitte unter dem Wagenboden. Die Zugsammelschiene liefert die elektrische Energie. Es können unterschiedliche Spannungen verarbeitet werden.

Die Avmmz 106 gehören zur Bauart EUROFIMA, die in mehreren europäischen Staaten anzutreffen ist. Die Aufnahme des Avmmz 106 mit der Nummer 61 80 19-91 764-9 entstand am 20. April 2016 in Stuttgart-Bad Cannstatt.

TECHNISCHE DATEN
Länge ü. Puffer: 26.400 mm
Wagenbreite: 2.825 mm
Wagenhöhe: 4.050 mm
Dienstmasse: 47.000 kg
Drehgestelle: Fiat Y 0270 S
Höchstgeschwindigkeit: 200 km/h
Bremse: <R> KE-GPR-Mg (D)
Abteile: 9
Sitzplätze: 54
Heizung: Klimae
Erstes Baujahr: 1977

Avmz 109, ABvmz 111, Bwmz 111

InterCity-Abteilwagen

TECHNISCHE DATEN
Länge ü. Puffer: 26.400 mm
Wagenbreite: 2.825 mm
Wagenhöhe: 4.050 mm
Dienstmasse: 44.000 kg
Drehgestelle: MD 36
Höchstgeschwindigkeit: 200 km/h
Bremse: <R> KE-GPR-Mg (D)
Abteile: 9
Sitzplätze: 54
Heizung: Klimae
Erstes Baujahr: 1962

Nach den Vorstellungen der DB sollten im Wagenpark für den 1962 eingeführten „Rheingold" außer Großraum-, Speise- und Aussichtswagen auch Abteilwagen laufen. Zunächst wurden zehn Wagen von der Waggon- und Maschinenbau GmbH in Donauwörth geliefert. Damit konnten zwei Züge mit je drei Wagen gebildet werden und es blieben vier Ersatzwagen. Als 1963 der „Rheinpfeil" auf das neue Wagenmaterial umgestellt wurde, bestellte die Bundesbahn nochmals zwölf Wagen. Bis Mitte der 70er-Jahre stieg der Bestand auf 267 Wagen an.

2002 zeichnete die DB Fernverkehr die Avmz 111 in Avmz 109 um. Weil die Wagen inzwischen nicht mehr den Anforderungen der Zeit entsprechen und die DB einen Überhang an 1.-Klasse-IC-Wagen hat, wurden einige Fahrzeuge der 2. Klasse zugeordnet. Sie sind nun als Bwmz 111 im Bestand. 2016 wurden 13 Exemplare der 31 Bwmz 111 in 1./2.-Klasse-Fahrzeuge umgewidmet. Sie laufen nun als ABvmz 111.2.

Trotz der Abwertung sind inzwischen viele dieser Wagen ausgemustert. Einige gelangten zur Vogtlandbahn, die die Fahrzeuge aufarbeiten und in den Farben Grau und Türkis lackieren ließ. Sie setzt die Wagen heute im Linienbetrieb als 1.-Klasse-Wagen Avmz, ABvm(d)z mit und ohne Fahrradabteil oder 2.-Klasse-Wagen Bvmz ein. Die Schienenverkehrsgesellschaft mbH in Stuttgart besitzt mit dem TEE-farbenen Avmz 111, Nummer 55 80 19-94 780-0, den ehemaligen DB-Wagen 61 80 19-94 009-6. Der Wagen 56 80 19-94 006-9 hat wieder die beige-kobaltblaue Lackierung und wird vom Freundeskreis Eisenbahn Köln e. V. (FEK) eingesetzt.

Für ihren Nostalgie-TEE ließ die DB AG mehrere Avmz 111 aufarbeiten und wieder beige-purpurrot lackieren. Sechs dieser Fahrzeuge sind inzwischen an die AKE-Eisenbahntouristik übergegangen, werden aber weiterhin in den TEE eingereiht.

Der Avmz 111 mit der Nummer 61 80 19-94 005-4 gehört zum Museums-TEE. Er ist in den Farben der 1960er- und 1970er-Jahre lackiert (Stuttgart, 9. September 2014).

Von der DB AG werden die Wagen als Avmz 109, ABvmz 111 und Bwmz 111 eingesetzt. Dabei haben alle den weißen Anstrich mit rotem Streifen (Avmz 111, 61 80 19-91 378-8, Schwerin, 13. Mai 2015)

Die Wagen sind mit Drehgestellen der Bauart Minden-Deutz 36 mit Schraubenfedern und einer Knorr Druckluft-Scheibenbremse der Bauart <R> KE-GPR-Mg (D) ausgestattet.

Das Untergestell besteht aus Stahlprofilträgern und Stahlblechen. Alle Bauteile sind elektrisch miteinander verschweißt. An den Stirnseiten befinden sich rammsteife Untergestellvorbauten.

Seitenwände, Stirnwände und Dach sind als Baugruppen gefertigt. Die UIC-Drehfalttüren mit Klapptrittstufen haben eine Schließanlage und eine Türblockierung. Die 1.400 mm breiten Fenster sind in Leichtmetallrahmen gefasst und von innen mit dem Kasten verschraubt.

In den Wagen befinden sich neun abgeschlossene Abteile mit je sechs Sitzen, deren gepolsterte Sitzflächen verstellbar sind. Die ebenfalls verstellbaren Kopfstützen sind gepolstert und haben ein Kopfkissen mit Schonbezug. Über den Sitzen sind Gepäckablage und Spiegel, an der Außenwand Klapptische und ein Mülleimer montiert. Die Fenster können verdunkelt werden. Im WC ist außer dem WC-Becken ein Waschbecken, ein Spiegel, ein Seifen- und ein Handtuchspender.

Die Wagen sind mit einer Klimaanlage ausgerüstet, die aus der Zugsammelschiene gespeist wird. Diese kann je nach Ausstattung mit unterschiedlichen Spannungen betrieben werden. Beleuchtet werden die Wagen mit Leuchtstoffröhren. Leselampen für jeden Sitzplatz sind in den Gepäckablagen eingebaut. Die Wagen haben eine zwölfpolige Durchgangsleitung.

Die Vogtlandbahn GmbH hat einige Avmz 111 übernommen und setzt die aufgearbeiteten Wagen in den „Alex"-Zügen ein (Avmz, 61 80 19-94 034-4, München Hbf., 9. März 2016).

Apm(b)(k)z(f) 116

Wagen für den Metropolitan

Form und Ausstattung der Steuerköpfe entsprechen denen der IC-Steuerwagen (Apmbzf 116.8, Nummer 70 80 80-95 713-5).

Im Sommer 1999 richtete die Deutsche Bahn eine hochwertige Direktverbindung von Hamburg über das Ruhrgebiet nach Köln ein. Für diese Züge wurden die Wagen der Bauart Apmz 116 in Dienst gestellt. Die Züge wurden von der DB-Tochter „Metropolitan GmbH" angeboten, die ihnen auch den Namen gab. Die beiden Züge bestanden aus je sieben Wagen und einer Ellok der Baureihe 101. Die Garnituren sollten im Betrieb nicht getrennt werden. Nachdem die Verbindung eingestellt worden war, kamen die Wagen in den normalen Park von DB Fernverkehr. Die Garnituren blieben zusammen, bekamen den weißen Anstrich und sind u. a. zwischen München und Berlin unterwegs.

Die Drehgestelle sind eine Entwicklung von Fiat und SIG. Mit ihrer Luftfederung eignen sie sich für eine Geschwindigkeit von 220 km/h.

Die Schwenkschiebetüren wurden aus den Türen des ICE weiterentwickelt. Die Stirnübergänge entsprechen ebenfalls der ICE-Bauart.

Die Schwenkschiebetüren an den Eingängen wurden vom ICE abgeleitet (Apmkz 116.6, Nummer 70 80 85-95 711-4).

Die Züge haben einen Endwagen mit normaler Schraubenkupplung und einen Steuerwagen. Untereinander sind die Wagen über eine Kupplung der Bauart Scharfenberg verbunden, die auch die elektrischen Verbindungen und die Bremsleitungen kuppelt.

Es gibt reine Sitzwagen mit 57 Plätzen (Apmz 116.0, 116.2 und 116.4), Wagen mit Galley (Apmkz 116.6) bieten 39 Sitzplätze und im Steuerwagen (Apmbzf 116.8) können 45 Reisende Platz nehmen. Die Polster auf den Holzschalen der Sitze sind mit schwarzem Leder bezogen. Jeder Reisende hat einen Klapptisch in der Rückenlehne des Vordersitzes. Die Wagen drei und sechs haben eine Galley, von wo aus Speisen und Getränke serviert werden. Im Steuerwagen ist außer dem Führerraum auch die behindertengerechte Toilette mit einem Wickeltisch untergebracht.

Ein modulares Energieversorgungssystem führt den Strom aus der Zugsammelschiene den Verbrauchern zu. Dazu gehört ein Fahrgastinformationssystem (FIS) mit Videobildschirmen an den Plätzen der Wagen 6 und 7. Außerdem sind an allen Sitzplätzen Steckdosen.

Durchlaufende Fensterbänder und Einstiegstüren ohne Trittstufen kennzeichnen das Äußere der ehemaligen „Metropolitan"-Wagen (Apmkz 116.4, Nummer 70 80 10-95 706-4).

TECHNISCHE DATEN

Länge ü. Puffer: 26.400 mm
Wagenbreite: 2.824 mm
Wagenhöhe: 4.050 mm
Dienstmasse: ca. 55.000 kg
Drehgestelle: Fiat SIG 720, 721, 722
Höchstgeschwindigkeit: 220 km/h
Bremse: <R> KE-R-Mg (D) ep
Großräume: 1
Sitzplätze
Mittelwagen: 57
Galleywagen: 39
Steuerwagen: 45
Heizung: Klimae
Erstes Baujahr: 1997

Der Innenraum unterscheidet sich durch eine gediegene Einrichtung mit viel Holz und schwarzen Ledersitzen von den normalen Wagen. Das Bild zeigt den Apmkz 116.6, Nummer 70 80 85-95 711-4.

Apmmz 118, Apmz 119

InterCity-Großraumwagen

Die 1.-Klasse-Wagen wurden in der laufenden Produktion der 2. Klasse Bpmz gefertigt und haben deshalb 1.400 mm breite Seitenfenster, die nicht zum Stuhlreihenabstand passen. Die Aufnahme zeigt den noch nicht umgebauten Apmz 119, Nummer 61 80 18-90 503-3.

TECHNISCHE DATEN
Länge ü. Puffer: 26.400 mm
Wagenbreite: 2.825 mm
Wagenhöhe: 4.050 mm
Dienstmasse: 46.000 kg
Drehgestelle: MD 52
Höchstgeschwindigkeit: 200 km/h
Bremse: <R> KE-GPR-Mg (D)
Großräume: 1
Sitzplätze: 51
Heizung: Klimae
Erstes Baujahr (als 123): 1985

Durch das Ausscheiden einiger Apmz 121 entstand Mitte der 1980er-Jahre ein Mangel an klimatisierten Großraumwagen 1. Klasse. Deshalb wurde beschlossen, aus der laufenden Produktion der 2.-Klasse-Großraumwagen Bpmz 291 sieben Stück herauszunehmen, um sie bei LHB als 1.-Klasse-Wagen Apmz 123 ausstatten zu lassen. Ab 1988 für den Einsatz auf Neubaustrecken umgerüstet, wurden sie in Apmz 119 umgezeichnet. Inzwischen wurden die Wagen nochmals überarbeitet und laufen heute unter der Bezeichnung Apmmz 118.

Die Drehgestell-Bauart MD 52 hat Scheibenbremsen, Magnetschienenbremsen und für den Einsatz auf Schnellfahrstrecken eine Notbremsüberbrückung.

Die Apmmz 118 sind an den Enden mit Schwenkschiebetüren ausgestattet. Schiebetüren und Gummiwülste sichern die Stirnübergänge.

Der Fahrgast-Großraum hat Sitzreihen mit je drei bequemen, mit Leder bezogenen Einzelsitzen. An den Einstiegsräumen sind die Toiletten mit geschlossenen WC-Systemen angeordnet.

Die Zugsammelschiene liefert die Energie. Die Räume werden mit Leuchtstofflampen beleuchtet, zudem gibt es Leseleuchten. Die Wagen haben Durchgangsleitungen. Eine Klimaanlage sorgt für ein angenehmes Klima im Fahrgastraum. Beim letzten Umbau wurden UMTS-Repeater für einen verbesserten Mobilfunkempfang nachgerüstet.

Eine Klimaanlage sorgt für angenehme Temperaturen im Innenraum der Apmmz 118.

Apmmz 126, Apmz 127

InterCity-Großraumwagen

Die Großraumwagen sind an den kurzen Seitenfenstern zu erkennen. So hat jede Sitzreihe ihr eigenes Fenster (Apmmz 126, 73 80 19-90 182-2, Stuttgart-Bad Cannstatt, 20. April 2016).

Nachdem im Jahre 1973 die Lieferung der 1.-Klasse-Großraumwagen Bauart Apmz 121 beendet war, bestand im hochwertigen Reiseverkehr weiterhin ein Bedarf an solchen Wagen. Dies führte 1975 und 1976 zum Bau einer weiteren Serie Großraumwagen. Wegen der technischen Entwicklung unterschieden sich die Fahrzeuge so stark von den Apmz 121, dass sie als Apmz 122 in den Bestand aufgenommen wurden. Die ersten 15 Wagen wurden bei Wegmann in Kassel bestellt. Die restlichen 20 Wagen lieferte die Waggon Union in Berlin.

Anfang der 1990er-Jahre wurden die Wagen druckertüchtigt und in Apmz 117 umgezeichnet. 2004 wurden die Wagen in Apmz 127 überführt. In den letzten Jahren bekamen die Wagen ihr zweites Redesign. Seither laufen sie als Apmmz 126 im Bestand der DB.

Die Wagen haben Drehgestelle der Bauart Minden-Deutz 36. Bei ihnen besteht der H-förmige Rahmen aus geschweißten Kastenträgern. Bei der Scheibenbremse Bauart Knorr <R> KE-GPR-Mg (D) mit elektrischer Gleitschutzeinrichtung wirkt je ein Bremszylinder auf die beiden Wellenbremsscheiben eines Radsatzes.

Der Innenraum der Wagen gliedert sich in einen Großraum und zwei Vorräume an den Wagenenden. Im Fahrgastraum befinden sich bequeme Einzelsitze, die sich in einer 2+1-Anordnung um den Mittelgang gruppieren. Die beiden Toiletten mit geschlossenem WC-System können von den Vorräumen aus erreicht werden.

Eine Klimaanlage mit Luft als Energieträger sorgt für angenehme Temperaturen in den Fahrgasträumen. Die Lufttemperatur ist zwischen 20 °C und 24 °C einstellbar und wird elektronisch geregelt. Die elektrische Energie kommt aus der Zugsammelschiene. Ein Gleichrichter übernimmt die Versorgung der Gleichspannungsverbraucher. Die Wechselspannungsverbraucher werden aus einem Umrichter versorgt.

TECHNISCHE DATEN

- Länge ü. Puffer: 26.400 mm
- Wagenbreite: 2.825 mm
- Wagenhöhe: 4.050 mm
- Dienstmasse: 47.000 kg
- Drehgestelle: MD 36
- Höchstgeschwindigkeit: 200 km/h
- Bremse: <R> KE-GPR-Mg (D)
- Großräume: 1
- Sitzplätze: 51
- Heizung: Klimae
- Erstes Baujahr (als 122): 1975

WLABm 171, WLBm 172

Doppelstock-Schlafwagen

Die Doppelstock-Schlafwagen der Bauarten WLABm 171 und WLBm 172 trugen zunächst den dunkelblauen CNL-Anstrich, ehe sie in das rot/weiße Farbschema der DB übernommen wurden (WLBm 172, 61 85 06-93 205-5).

Ende der 1980er-Jahre war die Nachfrage an komfortablen Nachtreiseverbindungen aufgrund schneller Tagesverbindungen und alter Schlafwagen stark zurückgegangen. Deshalb gründeten die DB, die ÖBB und die SBB 1992 die DACH Hotelzug AG. Diese hatte sich zum Ziel gesetzt, ein völlig neues Angebot im Nachtreisezugverkehr aufzubauen. Dafür wurden die Schlafwagenbaureihen WLABm 171 und WLBm 172 in Dienst gestellt.

Entwicklung und Bau wurden in die Hände des speziell gegründeten Konsortiums „ARGE Hotelzug“ gelegt. Die Lieferung sämtlicher 54 Fahrzeuge erfolgte 1995.

Die Wagen laufen auf neu von der Waggonfabrik Talbot konstruierten Drehgestellen mit Gummifederelementen, hydraulischen Schwingungsdämpfern und Wankstabilisatoren.

Die Knorr-Druckluftbremse der Bauart <R> KE-PR (D) ist mit innenbelüfteten Wellenbremsscheiben ausgestattet.

Für den Rohbau des Wagenkastens wurden kaltgeformte und gewalzte Stahlleichtprofile verwendet. Das Dach ist als tragendes Element mit einem inneren Tragwerk ausgebildet.

Beide Bauarten basieren auf der gleichen Wagenkonstruktion. Sie unterscheiden sich nur durch die Inneneinrichtung (WLABm 171, Nummer 61 85 76-94 313-7, Berlin-Lichtenberg).

Die Stirnwände werden durch zweiflügelige Schiebetüren verschlossen. Der seitliche Zugang ist am Wagenende 2 durch einflügelige Schwenkschiebetüren möglich.

Bis auf die beiden Endfenster im Seitengang, die oben nach innen geklappt werden können, wurden ausschließlich feste Fenster verwendet. Ein Teil von ihnen ist als Notausstiegfenster konzipiert und kann im Notfall als Ganzes aus der Gummifassung herausgedrückt werden.

Während die WLABm 171 über Abteile der 1. und 2. Klasse verfügen, sind bei den WLBm 172 nur Abteile der zweiten Wagenklasse vorhanden.

Die 1.-Klasse-Abteile der WLABm 171 sind im Oberstock untergebracht und bieten in jedem Abteil zwei Fahrgästen Platz. Die Betten sind übereinander montiert. Wird das Abteil nur von einer Person genutzt, so kann das obere Bett weggeklappt werden. Zusätzlich stehen zwei bequeme, lose Sessel und ein fester Tisch zur Verfügung. In jedem Abteil ist eine Naßzelle mit Dusche, Waschgelegenheit und einem WC vorhanden. Zugehörige Schränke und Kleinteile wie Spiegel und Handtuchhalter vervollständigen die Ausstattung.

Das Serviceabteil im WLABm 171 dient der Betreuung der Reisenden. Zur Ausstattung gehören unter anderem ein Kühlschrank, ein Mikrowellenherd, ein Geschirrspüler, ein abdeckbares Spülbecken und ein Müllbehälter. Der Schlafwagenschaffner findet hier einen Klappsitz mit Schreibgelegenheit und Schränken, die Kommunikationseinrichtungen, den Bildschirm der Videoüberwachung des Seitenganges und die Schalter für die Abteilbeleuchtung.

Zusätzlich zu den WCs in den 1.-Klasse-Abteilen stehen zwei weitere Toiletten am Wagenende 1 zur Verfügung. Eine Druckwasseranlage mit einer Entkeimungs- und Enthärtungsanlage versorgt sämtliche Wasserentnahmestellen.

Ihre Energie erhalten beide Bauarten aus der Zugsammelschiene. Für die Versorgung der Gleichspannungsverbraucher steht bei abgeschalteter Zugsammelschiene eine Bleibatterie zur Verfügung. Sämtliche Steuer- und Überwachungseinrichtungen sind in einem Schaltschrank am Wagenende 1 zusammengefasst. Für ein angenehmes Klima sorgt eine Klimaanlage mit Luftreinigungsgerät und Kühlaggregat. Getrennte Kanäle für den Ober- und den Unterstock leiten die aufbereitete Luft in die Abteile, wo sie unter den Fenstern eingeblasen wird.

Der Seitengang ist einstöckig ausgeführt und hat seine Fenster auf „normaler" Höhe. Der Einstieg vom Bahnsteig aus ist nur an einem Ende durch Schiebetüren möglich (WLABm 171, Nummer 61 85 06-94 312-9).

TECHNISCHE DATEN

Länge ü. Puffer: 26.900 mm
Wagenbreite: 2.800 mm
Wagenhöhe: 4.320 mm
Dienstmasse: 59.000 kg
Drehgestelle: Talbot TR 200
Höchstgeschwindigkeit: 200 km/h
Bremse: <R> KE-PR (D)
Abteile
WLABm 171: 15
WLBm 172: 20
Betten
WLABm 171: 34
WLBm 172: 44
Heizung: Klimae
Erstes Baujahr: 1995

WLABmz 173

Schlafwagen

Bei den Schlafwagen der Bauart WLABmz 173 ist der Zugang über Schwenkschiebetüren nur an einem Ende möglich. Die Aufnahme zeigt den Prototypen WLABmz 173, 61 80 72-90 001-1.

TECHNISCHE DATEN

- Länge ü. Puffer: 26.400 mm
- Wagenbreite: 2.829 mm
- Wagenhöhe: 4.248 mm
- Dienstmasse: 50.000 kg
- Drehgestelle: SGP 400 3SMG
- Höchstgeschwindigkeit: 200 km/h
- Bremse: <R> KE-GPR-Mg (D)
- Abteile: 12
- Betten Kategorie A: 9 Kategorie B: 27
- Heizung: Klimae
- Erstes Baujahr: 2003

Im Jahr 2003 begann die DB mit der Erneuerung ihres überalterten Schlafwagenparks und stellte mit den Umbauwagen der Bauart WLABmz 173 nach längerer Unterbrechung wieder Wagen dieses Typs in Dienst. Der Auftrag ging an die PFA in Weiden. Nach deren Insolvenz übernahm Siemens SGP den Auftrag und lieferte ab 2003 insgesamt 42 Exemplare.

Die Fahrzeuge entstanden durch Umbau nicht mehr benötigter Sitzwagen der Bauart Bm 234, von denen das Untergestell übernommen wurde. Laufwerk und Wagenkasten wurden komplett neu aufgebaut.

Die neuen Drehgestelle der Bauart SGP 400 3SMG sorgen mit ihrer Luftfederung und hydraulischen Dämpfern auch bei 200 km/h für einen ruhigen Lauf. Die Scheibenbremse wird durch eine Magnetschienenbremse und eine Notbremsüberbrückung ergänzt. An einem Wagenende ermöglichen Schwenkschiebetüren mit Klapptrittstufen den Zugang vom Bahnsteig aus. Am selben Wagenende ist das Serviceabteil zu finden.

Der Innenraum teilt sich in drei Abteile der Kategorie A mit eigenen Nasszellen und neun Abteile der Kategorie B. Diese haben nur in Wandschränke integrierte Waschbecken und eine gemeinsame Nasszelle an einem Wagenende. Für die Nasszellen werden 2.000 l Wasser mitgeführt.

In beiden Kategorien stehen je drei Fahrgästen pro Abteil bequeme Betten zur Verfügung, die für die Tagfahrt in Sitzgelegenheiten umgebaut werden können. Im Serviceabteil sind ein Kühlschrank, ein Mikrowellenherd, eine Kaffeemaschine und eine Spüle. Über die Weckruf- und Gegensprechanlage kann der Schaffner mit den Fahrgästen Kontakt halten. Eine UV-Entkeimungsanlage sorgt für Wasser in Trinkwasserqualität.

Die elektrischen Einrichtungen werden über einen Mehrsystem-Energieversorgungsblock, der die gängigsten UIC-Spannungen verarbeiten kann, versorgt.

Seit dem zweiten Redesign laufen die weißen Wagen von DB Fernverkehr als Bvmmsz 187 (Bvmmsz 187, 61 80 21-90 753-9, Stuttgart-Bad Cannstatt, 20. April 2016).

ABvmsz 184, Bvmsz 186, Bvmmsz 187

Abteil-/Großraumwagen

Um auch auf Neubaustrecken 2.-Klasse-Wagen mit gehobenem Reisekomfort anbieten zu können, beschaffte die DB die druckertüchtigten Bvmz 185. Im April 1988 lieferte Linke-Hofmann-Busch (LHB) in Zusammenarbeit mit dem BZA Minden den ersten Wagen. Den 60 Vorserienwagen folgte bis 1991 die Beschaffung einer Serie von weiteren 120 Wagen.

Ab 2000 wurden die Wagen ins Redesign-Programm aufgenommen. Sie bekamen eine neue Inneneinrichtung, bei der die offenen Abteile in der Mitte durch einen Großraum ersetzt wurden. Außerdem wurden ein Serviceabteil und ein Fahrgastinformationssystem (FIS) eingebaut und die Wagen in Bvmsz 186 umgezeichnet. Inzwischen durchliefen die Fahrzeuge auch das zweite Redesign-Programm. Dabei wurde bei einigen Wagen die Energieversorgungsanlage erneuert. Die Wagen werden nun als Bvmmsz 187 in den Listen geführt.

Im Winter 2006 benötigte die DB Regio für den neuen „Nürnberg-München-Express" druckdichte Wagen für die Schnellfahrstrecke. Weil die Industrie nicht schnell genug liefern konnte, griff man auf vier Bvmz 185 zurück, wandelte zwei der geschlossenen Abteile in die 1. Klasse um und reihte die Wagen als ABvmsz 184 ein.

Die Drehgestelle der Bauart MD 52 haben eine Scheiben- und Magnetschienenbremse mit pneumatischer Notbremsüberbrückung. Die druckertüchtigten SIG-Übergänge wurden inzwischen bei den meisten Wagen gegen normale Gummiwulstübergänge getauscht. Die Schwenkschiebetüren der Bauart Bode mit Klapptritt und die Stirnwandtüren sind Neukonstruktionen.

Der Innenraum teilt sich in vier geschlossene Abteile mit je sechs Sitzplätzen, ein Serviceabteil und einen Großraum auf. Die Toiletten sind von den Endvorräumen aus zugänglich. Das Abteil am Wagenende wurde als Kleinkindabteil mit zwei Klappsitzen und einem Kinderwagenstellplatz eingerichtet. Neu entwickelte Einzelsitze mit individuellen Einstellmöglichkeiten bieten hohen Sitzkomfort. Jeder Sitzplatz ist mit einer Tisch-

TECHNISCHE DATEN

Länge ü. Puffer: 26.400 mm
Wagenbreite: 2.825 mm
Wagenhöhe: 4.050 mm
Dienstmasse
ESpA [1]: 51.600 kg
MSpA [2]: 52.700 kg
Drehgestelle: MD 52
Höchstgeschwindigkeit: 200 km/h
Bremse: <R> KE-PR-Mg (D) ep
Großräume: 1
Abteile: 4
Serviceabteil: 1
Sitzplätze
Großraum: 40
Abteile: 22+2
Heizung: Klimae
Erstes Umbaujahr: 2000

[1]: Einspannungsausstattung
[2]: Messspannungsausstattung

Die Wagen für den München-Nürnberg-Express wurden mit zwei 1.-Klasse-Abteilen ausgestattet und bekamen den roten Anstrich von DB Regio.

fläche und einer Leselampe ausgestattet. Im Großraum steht etwa die Hälfte der Sitze in 2+2-Anordnung in Fahrtrichtung, die andere gegen die Fahrtrichtung. In der Mitte ergeben sich so zwei offene Abteile mit großem Tisch.

Zur Druckertüchtigung wurde eine besondere Einkanal-Klimaanlage mit Luft als Energieträger eingebaut. Außerdem wurden geschlossene Bodenwannen und geschlossene WC-Systeme mit Wasserspülung und Vakuumabsaugung gewählt.

Die Wagen bekommen ihre Energie aus der Zugsammelschiene, die auch die Speicherbatterie versorgt. Der Unterschied zwischen den Unterbauarten liegt unter anderem in der elektrischen Ausstattung mit Einspannungs- und Mehrspannungsanlagen. Der gesamte Wagen wird mit Leuchtstofflampen beleuchtet.

Der Innenraum teilt sich in geschlossene Abteile und einen Großraum mit offen Vier-Platz-Abteilen und Klapptischen.

Bomz 236

Abteilwagen für Nachtzüge

Bei der DB werden die Bomz 236 nur noch im Nachtverkehr eingesetzt. Deshalb tragen sie eine rot/weiße Lackierung und entsprechende Aufschriften. (Bomdz 236, 51 80 84-90 201-5).

Anfang der 1980er-Jahre passte sich die Deutsche Reichsbahn der DDR dem internationalen Standard für Reisezugwagen an und beschaffte Fahrzeuge mit einer Länge von 26.400 mm. Bei der DB AG bekamen sie die Bezeichnung Bomz 236. Inzwischen gehören alle bei der DB verbliebenen Bomz 236 zu DB AutoZug. Einige Wagen werden von der Vogtlandbahn eingesetzt, andere laufen im BahnTouristikExpress.

Die Wagen bekamen Drehgestelle der Bauart GP 200 S-Mg mit Scheiben- und Magnetschienenbremse. Drehfalttüren ermöglichen den Zugang. Die Stirnübergänge werden mit Gummiwülsten und zweiflügeligen Schiebetüren gesichert.

Der Grundriss weist zwei Einstiegsräume mit Toiletten, einen Seitengang und elf geschlossene Fahrgastabteile auf. Die gepolsterten Einzelsitze mit Armlehnen und Kopfpolstern lassen sich individuell verstellen. Bei einem Teil der Wagen wurden an einem Ende die Toilette und ein Abteil ausgebaut, um Platz für Fahrräder und sperrige Güter zu schaffen. Diese Wagen wurden als Bomdz 236 bezeichnet.

TECHNISCHE DATEN
Länge ü. Puffer: 26.400 mm
Wagenbreite: 2.825 mm
Wagenhöhe: 4.050 mm
Dienstmasse: 39.300 kg
Drehgestelle: GP 200 S-Mg
Höchstgeschwindigkeit: 200 km/h
Bremse: <R> KE-GPR-Mg (D)
Abteile: 11
Sitzplätze: 66
Heizung: Lhzde
Erstes Baujahr: 1991

Außer der DB setzen auch private Einsteller Wagen der Bomz 236 ein. Der rot/blaue Bomz 236, 56 80 21-90 522-5 gehört der BahnTouristikExpress GmbH in Nürnberg.

Bvcmz 248, Bvcmbz 249

Liegewagen für Nachtzüge

Einige Liegewagen der Bauart Bvcmz 248 wurden von Bahn-TouristikExpress übernommen und in deren Farben lackiert. Zu ihnen gehört der Bvcmz 248, 61 80 50-71 220-6.

Mitte der 1990er-Jahre wurden die Liegewagen der Bauart Bcm 243 und Bocmh 246 aufgearbeitet und als Bauarten Bvcmz 248 und Bvcmbz 249 wieder in Betrieb genommen.

Die Wagen werden entweder von der DB Fernverkehr oder von der CityNightLine AG eingesetzt. Die CNL-Wagen unterschieden sich zunächst durch eine blaue Lackierung von den DB-Wagen. Heute sind sie aber alle mit hellem Wagenkasten und roten Fensterbändern unterwegs. Inzwischen hat die DB einige Wagen an private Anbieter verkauft.

Die Wagen der Bauart 248 laufen auf Drehgestellen der Bauart MD 36 mit Scheibenbremsen. Sie können mit einer Höchstgeschwindigkeit von 160 km/h eingesetzt werden. Für die Bvcmbz 249 wurden Drehgestelle der Bauart MD 52 verwendet, wie sie auch unter den Bpmz 294 laufen. Sie erlauben eine Höchstgeschwindigkeit von 200 km/h.

Als Einstiegstüren wurden UIC-Drehfalttüren eingebaut. Die Stirnübergänge sind durch Gummiwülste gesichert.

Die Aufteilung der Innenräume der Bvcmz 248 blieb bei der Aufarbeitung unverändert. Sie haben zehn Abteile, die als Vierer- oder Sechserab-

Die Bauart Bvcmz 248 läuft auf den Drehgestellen der Bauart MD 52, die von den Spenderwagen stammen. Damit können sie 160 km/h schnell fahren (Bvcmz 248, 61 85 50-91 022-7).

In den Bvcmbz 249 sind ein behindertengerechtes Abteil und eine zugehörige Toilette zu finden (Bvcmbz 249, Nummer 61 80 59-90 023-2).

teile gebucht werden können. Die Abteile sind über den Seitengang mit den beiden Einstiegsräumen verbunden. Ein Abteil ist als Frauenabteil ausgewiesen. An beiden Enden sind je eine Toilette und ein Waschraum. An einem Ende sind ein Serviceabteil und zwei zusätzliche Waschräume.

Die Bvcmbz 249 bieten den Reisenden außer acht normalen Liegeabteilen mit je sechs Liegen ein behindertengerecht vergrößertes Schlafabteil mit zwei Plätzen und eine ebenfalls geräumigere Toilette. Hier ist der Seitengang breiter, damit Rollstuhlfahrer bequem in die Räume gelangen können.

Im Begleiterabteil aller Bauarten können ein Sitz und ein Klappsitz zu einer Liege zusammengezogen werden. Außerdem sind hier eine Schreibplatte, ein Kleider- sowie ein Wäscheschrank untergebracht.

Das Abwasser gelangt durch den geschlossenen Wasserkreislauf nicht auf die Gleise, sondern wird in einem Behälter unter den Nasszellen gesammelt und in den Werken entsorgt.

Bei beiden Bauarten werden die unter dem Wagenboden aufgehängten Batterien aus der Zugsammelschiene gespeist. Die Batterie versorgt die Verbraucher in den Wagen. Die Belüftung erfolgt über eine Klimaanlage. Doppelradiallüfter saugen die Frischluft über Dachgitter an. Sie wird in einem Klimaaggregat aufbereitet, in die Abteile eingeblasen und entweicht durch die Fenster und Türen.

Eine Lautsprecheranlage mit einer Sprechstelle im Begleiterabteil und eine zwölfpolige Durchgangsleitung vervollständigen die Ausstattung.

TECHNISCHE DATEN

Länge ü. Puffer: 26.400 mm

Wagenbreite: 2.825 mm

Wagenhöhe: 4.050 mm

Dienstmasse: 42.000 kg

Drehgestelle
Bvcmz 248: MD 36
Bvcmbz 249: MD 52

Höchstgeschwindigkeit
Bvcmz 248: 160 km/h
248.5, 249: 200 km/h

Bremse: <R> KE-GPR-Mg [1)] (D)

Abteile: 10

Liegeplätze: 60

Heizung: Klimae

Erstes Baujahr
Bvcmz 248: 1996
Bvcmbz 249: 2001

[1)] Magnetschienenbremse bei Bvcmz 248.5 und Bvcmbz 249

Auch EuroExpress hat inzwischen einige Bvcmz 248 im Bestand. Dazu gehört der Liegewagen mit der Nummer 56 80 50-71 123-9.

Bimz 256, Bimz 546

InterRegio-Wagen

Ab 1991 baute die DR der DDR zahlreiche Schnellzug-Abteilwagen in InterRegio-Wagen um. Dabei entstanden drei Bauarten die bei der DB AG als Bimz 256, 259 und Bimdz 267 eingereiht wurden (Bimz 256, Nummer 51 80 22-95 910-1, 13. Juni 2015).

TECHNISCHE DATEN

- Länge ü. Puffer: 26.400 mm
- Wagenbreite: 2.825 mm
- Wagenhöhe: 4.050 mm
- Dienstmasse: 42.000 kg
- Drehgestelle: GP 200 S-Mg
- Höchstgeschwindigkeit: 200 km/h
- Bremse: <R> KE-GPR-Mg (D)
- Großräume: 2
- Abteile: 5
- Sitzplätze
  Großraum: 35 + 6 [1)]
  Abteile: 25 + 8 [2)]
- Heizung: Lhze
- Erstes Baujahr: 1991

[1)] Klappsitze, [2)] Kindersitze

Um ein einheitliches Zugangebot bei Reichsbahn und Bundesbahn zu erreichen, führte die DR 1992 InterRegio-Züge ein. Dafür wurden vorhandene Wagen mit der für IR-Züge üblichen Inneneinrichtung ausgestattet. Nach einem Prototypen von 1991 begann 1992 der Serienumbau im Raw Halberstadt. Es entstanden zunächst die Bauarten Bimz 256, Bimz 259 und Bimdz 267.

Entsprechend ihres Einsatzes wurden die Wagen DB Fernverkehr zugeteilt. Nach dem Ende der IR-Einsätze bekamen die meisten Wagen den weißen Anstrich der IC-/EC-Züge. 2001 übernahm die DB Regio einige Bimz 259. Sie bekamen den roten RegionalBahn-Anstrich und die Bezeichnung Bimz 546.

Die Wagen laufen auf Drehgestellen GP 200 S-Mg mit Scheiben- und Magnetschienenbremsen. Die Untergestelle wurden von den Spenderwagen übernommen. Die Seitenwände mussten wegen der neuen Fensteraufteilung ersetzt werden.

Der Innenraum wurde völlig neu gestaltet. In der Mitte entstanden zwei Großräume mit unterschiedlich angeordneten Einzelsitzen. An den Enden blieben die Abteile erhalten. Sie wurden mit jeweils fünf Einzelsitzen ausgestattet. Bei den Bimdz 267 wurde ein WC samt angrenzendem Abteil durch einen Mehrzweckraum für Fahrräder ersetzt. Wagen mit geschlossenem WC-System und Notbremsüberbrückung sind als Bimz 256 eingeordnet.

DB Regio übernahm einige der InterRegio-Wagen, lackierte sie rot und reihte sie als Bimz 546 in ihren Bestand ein. (Bimz 546, 51 80 22-95 673-5).

Auch 2017 waren noch ehemalige InterRegio-Wagen bei der Bahn zu finden (Bimdz 268, 51 80 84-95 084-0).

Bim 263, Bimz 264, Bimz 548, Bimdz 268

InterRegio-Wagen

Mit dem InterRegio entstand 1988 ein Produkt, das den D-Zug ablöste und sich beim Reisekomfort an den IC anlehnte. Die Bim 263, Bimz 264 und Bimdz 268 entstanden durch Umbau vorhandener Bm 234 und Bm 235 bei der PFA in Weiden. Einige Bim 263 bekamen nachträglich eine zentrale elektrische Energieversorgung und wurden in Bimz 264 umgezeichnet. Weil in IR-Zügen keine Gepäckwagen vorgesehen waren, wurden Fahrzeuge mit Mehrzweckraum als Bimdz 268 in Dienst gestellt und sind durch ein stilisiertes Fahrrad zu erkennen.

Einige Wagen wurden von DB Regio übernommen und als Bim 547, Bimz 548 und Bimdz 551 eingereiht. Sie haben einen roten Anstrich.

MD-36-Drehgestelle mit Scheiben- und Magnetschienenbremse bilden das Laufwerk. Untergestell und Wagenkasten wurden von den Spenderwagen übernommen.

In den Abteilen wurde die Sitzplatzzahl auf fünf reduziert. In den Großräumen wurden Sitzlandschaften mit unterschiedlicher Sitzanordnung angelegt. Für den Fahrradtransport sind im Mehrzweckraum der Bimdz 268 spezielle Halterungen montiert.

Die Bim 263 sind mit Achsgeneratoren ausgestattet. Die Bimz 264 bekommen ihre Energie aus der Zugsammelschiene.

TECHNISCHE DATEN

Länge ü. Puffer: 26.400 mm
Wagenbreite: 2.825 mm
Wagenhöhe: 4.050 mm
Dienstmasse: 42.000 kg
Drehgestelle: MD 36
Höchstgeschwindigkeit: 200 km/h
Bremse: <R> KE-GPR-Mg (D)
Großräume: 2
Abteile
Bimz: 5
Bimdz: 4
Sitzplätze
Großraum: 35 + 6 [1]
Abteile Bimz: 25 + 8 [2]
Abteile Bimdz: 20 + 7 [2]
Heizung: Lhze
Erstes Baujahr: 1988
[1] Klappsitze, [2] Kindersitze

Für den Einsatz im Schleswig-Holstein-Express bekamen einige ehemalige IR-Wagen bei DB Regio blaue Dachkanten (Bimz 548, 51 80 22-94 195-0, Hamburg Hbf.).

Bpmm(bd)z 284/285, Bpm(bd)z 294/295

InterCity-Großraumwagen

Mit über 500 Wagen sind die hier vorgestellten Wagen die am meisten in IC-/EC-Zügen vertretene Bauart der DB AG. Hier fährt der Bpmmbz 285, Nummer 61 80 29-94 606-7, am 9. März 2016 in München ein.

Um auch in der 2. Klasse der IC-Züge Großräume mit hohem Komfort anbieten zu können, beschaffte die DB Ende der 1970er-Jahre klimatisierte Wagen. Ende 1977 erhielt deshalb LHB den Auftrag, Probewagen zu liefern. Zunächst entstanden 40 Fahrzeuge, die sich bei der Elektrik und den Drehgestellen unterschieden. Nachdem die Entscheidung zugunsten der Drehgestellbauart MD 52 gefallen war, wurden in mehreren Bauserien insgesamt 520 Bpmz 291 in Dienst gestellt.

Der Einsatz auf Schnellfahrstrecken erforderte einige Umbauten. So wurden die Gummiwulstübergänge gegen druckertüchtigte Übergänge der Bauart SIG ausgetauscht. An den Türen baute man Drucktasten ein. Die Klimaanlage und die Toiletten mussten angepasst werden. Die Wagen wurden als Bpmz 293 eingereiht und heißen heute Bpmz 295.

Zehn Wagen wurden für den Touristik-Zug umgebaut. Sie werden heute als Apmz 857 oder WRkmz 858 bezeichnet.

Im Rahmen des zweiten Redesign-Programms wurden die Innenräume der Wagen an die der ICE-Züge angeglichen.

Während der Bpmmbz 285 von Seite 24 oben behindertengerecht ausgestattet ist, wurde beim hier gezeigten Bpmmz 284, 61 80 20-94 482-2, darauf verzichtet (München Hbf., 7. März 2016).

Nach der Aufarbeitung im Rahmen des zweiten Redesign-Programms in den letzten Jahren, bei der der Innenraum an den der ICE-Züge angeglichen wurde und zwölf Wagen eine neue Energieversorgungsanlage bekamen, laufen die Wagen als Bpmm(bd)z 284/285.

Alle Wagen laufen auf MD-52-Drehgestellen mit Schraubenfedern und einem Bremssystem aus Scheiben- und Magnetschienenbremsen. Die Langträger des Untergestells bestehen aus U-Profilen. Der Wagenkasten und das Dach setzen sich aus Walz- und Pressprofilen zusammen. Schwenkschiebetüren ermöglichen den Einstieg an den Enden. An den Stirnseiten wurden die druckdichten Übergänge gegen normale Gummiwülste ausgetauscht.

Der Innenraum gliederte sich zunächst in einen größeren Raum für Nichtraucher und einen kleinen für Raucher. Getrennt wurden sie durch eine Glaswand ohne Tür. Heute sind die Bpmmz reine Nichtraucher-Wagen. Je 2+2 Einzelsitze bilden eine Reihe. Die Sitze stehen zur Hälfte vorwärts bzw. rückwärts. Dadurch ergibt sich in der Mitte ein offenes Abteil mit Tisch. Die Gepäckablagen sind an den Enden der Wagen und in Längsrichtung über den Fenstern. Einige Wagen haben ein behindertengerechtes WC und einen Stellplatz für Rollstühle. Bei anderen wurden Stellplätze für Fahrräder geschaffen (Bpmmbdz).

Sowohl die Ein- als auch die Mehrspannungswagen werden über die Zugsammelschiene mit elektrischer Energie versorgt, mit der auch die Speicherbatterien gespeist werden. Die Leuchtstofflampen beziehen ihre Energie über einen Wechselrichter aus der Speicherbatterie.

Die Einkanal-Klimaanlage arbeitet mit Luft. Sie wird in einem Luftbehandlungsgerät aufbereitet und in die Innenräume eingeblasen. Außer der zwölfpoligen Durchgangsleitung sind auch eine Wendezugsteuerleitung und eine Hauptluftbehälterleitung vorhanden.

TECHNISCHE DATEN

- Länge ü. Puffer: 26.400 mm
- Wagenbreite: 2.825 mm
- Wagenhöhe: 4.050 mm
- Dienstmasse: 42.000 bis 43.600 kg
- Drehgestelle: MD 52
- Höchstgeschwindigkeit: 200 km/h
- Bremse: <R> KE-GPR-Mg (D) ep
- Großräume: 2
- Sitzplätze: 80
- Heizung: Klimae
- Erstes Baujahr: (als Bpmz 291) 1978

Für den München-Nürnberg-Express übernahm DB Regio einige der Wagen und lackierte sie rot. Bezeichnung und Wagennummern blieben unverändert (Bpmz 295, 73 80 20-95 626-9).

Bpmmbdzf 286

InterCity-Steuerwagen

Dank der IC-/EC-Steuerwagen kann in Kopfbahnhöfen auf das Umspannen der Loks verzichtet werden. Die Züge sind mit Loks der Baureihen 101 und 120 bespannt (Bpmmbdzf 286, 73 80 80-91 307-7, München, 9. März 2016).

TECHNISCHE DATEN
Länge ü. Puffer: 26.400 mm
Wagenbreite: 2.825 mm
Wagenhöhe: 4.050 mm
Dienstmasse: 46.000 kg
Drehgestelle: SIG 725, SIG 726
Höchstgeschwindigkeit: 200/220 [1] km/h
Bremse: <R> KE-GPR-Mg (D) ep
Großräume: 1
Sitzplätze: 31/51
Heizung: Klimae
Erstes Baujahr: (als Bpmbdzf 297) 1997
[1] Unterbauart 286.3

Ab 1997 beschaffte die DB eine weitere Bauart Steuerwagen für IC- und EC-Züge. Sie sind als reine Großraumwagen mit einem variablen Mehrzweckraum ausgestattet. Als Spenderwagen dienten Bom 280 und Bom 281 der ehemaligen DR der DDR. Der Steuerkopf und der Führerstand entsprechen dem der Bimmdzf 287. Lediglich die Bugklappe für die Zugvorrichtung wurde zweiteilig ausgeführt. Der Umbau erfolgte bei der PFA. 1998 wurden insgesamt 76 Wagen als Bpmbdzf 297 ausgeliefert. Nach dem Redesign wurde die Bezeichnung in Bpmmbdzf 286 geändert.

Luftgefederte Drehgestelle bilden das Laufwerk. Das Untergestell hat zum Schutz der unterflur angebrachten Aggregate eine Bodenwanne. Der Einstiegsraum am Wagenende 2 wurde in den Mehrzweckraum verlegt und bekam Schiebetüren.

Während der Sommermonate hatten die Wagen einen größeren Mehrzweckraum mit 16 Fahrradstellplätzen und 31 Sitzplätze im Fahrgastraum. Im Winter, wenn weniger sperrige Güter wie Fahrräder anfallen, wird der Fahrgastraum auf 51 Sitzplätze vergrößert und der Mehrzweckraum verkleinert. Es wurden verstellbare gepolsterte Einzelsitze mit Kopf- und Armlehnen in Reihen- und Abteilanordnung eingebaut. Seit dem Redesign wird dieser Umbau nicht mehr durchgeführt. Die Wagen haben nun dauerhaft 32 Sitzplätze.

Auch die Züge des München-Nürnberg-Express sind als Wendezüge vorgesehen und haben die gleichen Steuerwagen, allerdings in Rot.

Bimmdzf 287

InterRegio-Steuerwagen

Die Steuerwagen der Bauart Bimmdzf 287 waren ursprünglich für InterRegio-Züge vorgesehen und kamen nach deren Ende in den IC-/EC-Einsatz (Bimmdzf 287, Nummer 51 80 80-95 260-0, Stuttgart, 16. März 2017).

Zur Verkürzung der Umspannzeiten in Kopfbahnhöfen entschloss sich die DB, ab 1995 IC- und IR-Züge als Wendezüge mit Steuerwagen verkehren zu lassen. Die Steuerwagen entstanden durch Umbau. Als Spenderwagen dienten bevorzugt Fahrzeuge der Bauart ABom 226 und Bom 280 der ehemaligen DR der DDR. Die ersten zwanzig Wagen wurden bis Anfang 1996 vom Werk Halberstadt gefertigt und in blauer InterRegio-Lackierung ausgeliefert. Weil weiterer Bedarf bestand, fertigte Halberstadt bis Herbst 1996 eine zweite, zwölf Wagen umfassende Serie. Sie trug die rote InterCity-Lackierung. Heute sind alle Wagen weiß.

Die Drehgestelle der Bauart GP 200 S-Mg wurden den Erfordernissen der Steuerwagen angepasst. Die Wagen haben eine Druckluft-Scheibenbremse der Bauart KE-PR-Mg (D) ep mit Einheitswirkung. Sie ist am Drehgestell I um eine Magnetschienenbremse ergänzt.

Untergestell und Wagenkasten wurden von den Spenderfahrzeugen übernommen. Am Wagenende 2 wurde ein Steuerkopf aus Blechen und GFK-Teilen montiert. Die Zugvorrichtung und die Verbindungselemente sind hinter einer Bugklappe versteckt. Der Einstiegsraum wurde in Richtung Wagenmitte verlegt und bekam Schiebetüren. Das andere Ende blieb mit Drehfalttüren und einem Gummiwulstübergang unverändert.

Der Innenraum wurde in einen Großraum und zwei geschlossene Abteile mit je fünf Plätzen unterteilt. Die Ausstattung und die Sitzaufteilung sind an die anderen IR-Wagen angepasst. Der Mehrzweckraum zwischen dem Großraum und dem Führerstand bietet fünf Klappsitze und eine Stellfläche für zehn Fahrräder. Außerdem sind hier die Schaltschränke untergebracht.

Der Führerstand mit zeitmultiplexer Wendezugsteuerung (ZWS) entspricht dem der Baureihe 111. Er hat eine Klimaanlage und ist durch eine Glaswand vom Mehrzweckraum abgetrennt. Die restlichen Räume werden über eine Zweikanal-Luftheizung mit Zusatzbelüftung temperiert und belüftet.

TECHNISCHE DATEN

Länge ü. Puffer: 26.400 mm

Wagenbreite: 2.825 mm

Wagenhöhe: 4.050 mm

Dienstmasse: 46.000 kg

Drehgestelle: GP 200 S-Mg

Höchstgeschwindigkeit: 200 km/h

Bremse: <R> KE-GPR-Mg (D) ep

Großräume: 1

Abteile: 2

Sitzplätze
Großraum: 30 + 4 [1]
Abteile: 10 + 4 [2]

Heizung: Lhzes

Erstes Baujahr: 1995

[1] Klappsitze, [2] Kindersitze

ARkimmbz 288, WRmbz 138

InterRegio-Bistrowagen

Die Bistrowagen der Bauart ARkimmbz 288 sind die letzten Speisewagen, die von der DB in IC-/EC-Zügen eingesetzt werden. Ursprünglich waren sie für IR-Züge vorgesehen (ARkimmbz 288, Nummer 61 80 85-94 478-2, München, 9. März 2016).

Außer den Sitzwagen sind in den IR-Zügen auch BistroCafé-Wagen eingestellt, die außer dem Speiseraum auch ein Zugbüro und behindertengerechte Einrichtungen bieten. Die Wagen entstanden durch Umbau der Bauart ABm 225. Die Inneneinrichtung wurde in Zusammenarbeit zwischen der DB und der DSG entwickelt. Die Arbeiten führte die PFA in Weiden aus. Insgesamt entstanden 156 Fahrzeuge, 23 davon wurden an die DR geliefert. Alle Fahrzeuge kamen 1994 zur DB AG und wurden später von der DB Fernverkehr übernommen.

2000 bis 2002 übernahm DB AutoZug zehn Wagen und ließ sie zu Servicewagen WRmbz 138 umbauen. Dabei wurde die 1. Klasse in Dienstabteile mit Servicepoint umgebaut. Hier werden die Fahrgäste „eingecheckt“ und bekommen ihr Abteil in den Schlaf- und Liegewagen zugewiesen.

Im Innenbereich gibt es Stehbereiche und kleine Tisch mit halbrunden Sitzbänken. Speisen und Getränke müssen selbst an der Theke abgeholt werden.

Während der größere Teil der Wagen vom Bistro eingenommen wird, wurde der Rest der 1. Klasse zugeschlagen und mit geschlossenen Abteilen ausgestattet.

Als Laufwerke dienen Drehgestelle der Bauart MD 36 mit Scheiben- und Magnetschienenbremse. Die für Schnellfahrstrecken zugelassenen Wagen haben eine Notbremsüberbrückung. Untergestell und Wagenkasten bestehen aus Leichtprofilen und -blechen. Im ehemaligen 2.-Klasse-Bereich, in dem das BistroCafé untergebracht ist, wurden auf der Küchenseite Fensteröffnungen verschlossen. Die Fenster lassen sich teilweise öffnen. Die Drehfalttüren am Handbremsende erhielten einen zusätzlichen Flügel, sodass sich für den Transport von Rollstühlen eine Öffnungsweite von 800 mm ergibt. Hier befindet sich auch eine behindertengerechte Toilette, die bei der Unterbauart ARkimbz 266.4 als geschlossenes System ausgeführt ist.

Dem Zugbüro mit Sitzplätzen, Tisch, Gepäckablagen und der Sprechstelle folgen zwei geschlossene Abteile für Fahrgäste mit je vier Einzelsitzen, einem Tisch und einer Garderobe. Im Großraum sind vier Doppel- und zwei Einzelsitze vis-à-vis angeordnet. Dieser Raum eignet sich auch für Konferenzen. In das Bistro-Abteil wurden fünf halbrunde Tische mit Sitzbänken eingebaut. Zusätzlich sind sechs Lehn- und zwölf Stehplätze mit Abstellmöglichkeiten für Getränke und Speisen vorhanden. Hier ist auch das Zugtelefon installiert. Die Küche ist mit einer Kaffeemaschine, einer Getränkezapfanlage und einem Mikrowellenherd ausgestattet. Für Vorräte stehen Kühlschränke und Lebensmittelcontainer zur Verfügung.

Sämtliche Geräte werden über die Zugsammelschiene elektrisch versorgt. Es wurden sowohl Ein- als auch Mehrspannungswagen gebaut. Die Beleuchtung übernehmen Kompakt-Leuchtstofflampen.

TECHNISCHE DATEN
Länge ü. Puffer: 26.400 mm
Wagenbreite: 2.825 mm
Wagenhöhe: 4.050 mm
Dienstmasse: 51.000 kg
Drehgestelle: MD 36
Höchstgeschwindigkeit: 200 km/h
Bremse: <R> KE-GPR-Mg (D)
Großräume: 1
Abteile: 2
Speiseräume: 1
Sitzplätze Abteile: 8 Großraum: 10 Speiseraum: 9
Heizung: Whzes/Klimae
Erstes Baujahr ARkimbz 266 (als 262): 1988 WRmbz 138: 2000

DB AutoZug übernahm zehn ARkimbz 262 und ließ sie in die Servicewagen WRmbz 138 umbauen. Dabei wurde ein Dienstabteil mit Servicepoint eingerichtet.

ABnrz 403, ABnrz 416

RegionalBahn-Wagen 1./2. Klasse

Bei den ABnrz 418 wurde der 1.-Klasse-Bereich als Großraum ausgeführt. Die Aufnahme zeigt den ABnrz 418 mit der Nummer 50 80 31-34 191-2.

TECHNISCHE DATEN

- Länge ü. Puffer: 26.400 mm
- Wagenbreite: 2.825 mm
- Wagenhöhe: 4.050 mm
- Dienstmasse: 33.000 kg
- Drehgestelle: MD 43
- Höchstgeschwindigkeit: 140 km/h
- Bremse: <R> KE-GPR-A (D)
- Sitzplätze: 30/48 [1)]
- Heizung: Hhzk/ElHzs
- Erstes Baujahr
ABnrz 403: 1989
ABnrz 416: 1993

[1)] 1. Klasse/2. Klasse

Zur Aufwertung des Nahverkehrs entstanden Mitte der 1980er-Jahre die ersten „RegionalBahn"-Wagen bei der DB. Dafür wurden alte Nahverkehrswagen modernisiert. Die Bauart ABnrz 403 bildet die erste große Serie gemischtklassiger RegionalBahn-Wagen. Speziell für die Strecke Kiel–Lübeck ausgestattete Wagen wurden als ABnrz 416 eingereiht.

Die Wagen laufen auf scheibengebremsten Drehgestellen der Bauart Minden-Deutz 43. Das Untergestell und der Wagenkasten wurden von den Spenderwagen übernommen.

Der Grundriss wurde ebenfalls von den Spenderwagen übernommen, der Innenraum neu gestaltet. Die 1.-Klasse-Abteile hat man bei den ABnrz 418 zugunsten eines Großraums aufgegeben. In der 2. Klasse bekamen die Sitze neue Polster und Stoffbezüge.

Die Versorgung der Leuchtstofflampen erfolgt über die Zugsammelschiene. Unterschiedliche WC-Systeme und Einrichtungen für gehbehinderte Reisende unterscheiden die einzelnen Unterbauarten.

Die ABnrz 416 wurden für Schleswig-Holstein mit neuen Einzelsitzen ausgestattet, von denen in der 1. Klasse drei, in der 2. Klasse vier in einer Reihe stehen.

ABy 407, By 439

RegionalBahn-Wagen 1./2. Klasse

In den ABy ist in der Wagenmitte ein 1.-Klasse-Bereich mit einer Sitzlandschaft eingebaut. Hier fährt der ABy 407, Nummer 50 80 31-43 213-3, in Dresden Hbf. ein.

Die DR der DDR wertete 1991 ihre Nahverkehrszüge auf und führte das Produkt „RegionalBahn" ein. Wie bei der DB entstanden auch hier durch Umbau vorhandener Wagen neue RB-Wagen. Spenderwagen für die ABy 407 und By 439 waren die in Halberstadt gefertigten Nahverkehrswagen Bmh 721. Am Umbau waren die Werke Delitzsch, Halberstadt und Potsdam beteiligt. In der PFA wurden nur die Wagenkästen und Inneneinrichtungen aufgearbeitet.

Die Variante ABy 407 läuft auf scheibengebremsten GP-200-S-Drehgestellen, die Bauarten Byu 438.1 und Byu 439.2 auf der Bauart Görlitz VI. Alle anderen Wagen haben modifizierte Drehgestelle der Bauart Görlitz V.

In der Wagenmitte der ABy wurde ein 1.-Klasse-Großraumbereich eingerichtet. Die blau bezogenen Einzelsitze sind dort als „Sitzlandschaft" mit teilweise offenen Abteilen und Gepäckablagen angeordnet. Die Byu 439 erhielten Einzelsitze. In einem Endraum befindet sich ein WC. Neben dem herkömmlichen offenen System wurden in verschiedenen Wagen unterschiedliche geschlossene Systeme eingebaut. Bei den Byd 439.9 wurde ein Fahrgastraum am Wagenende zum Mehrzweckraum umgestaltet.

TECHNISCHE DATEN
Länge ü. Puffer: 26.400 mm
Wagenbreite: 2.825 mm
Wagenhöhe: 4.050 mm
Dienstmasse: 40.000 kg
Drehgestelle: Görlitz V mod, Görlitz VI, GP 200 S
Höchstgeschwindigkeit: 140/160 km/h
Bremse: <R> KE-GPR (D)
Sitzplätze ABy 407: 25/46 [1] By 438: 86
Heizung: Lhzde
Erstes Baujahr: 1991
[1] 1. Klasse/2. Klasse

Die Wagen entstanden bei der DR der DDR aus Wagen der Bauart Bmh 721, deshalb haben 1.- und 2.-Klasse-Wagen den gleichen Wagenkasten (By 439, 50 80 21-33 141-0).

ABnrz 417.6, ABnrz 418

RegionalBahn-Wagen 1./2. Klasse

Die ABnrz 418 wurden bei der Officine Ferroviarie Veronesi (OFV) im italienischen Verona für DB Regio umgebaut (ABnrz 418, Nummer 50 80 31-34 103-7, 18. März 2016).

TECHNISCHE DATEN

- Länge ü. Puffer: 26.400 mm
- Wagenbreite: 2.825 mm
- Wagenhöhe: 4.050 mm
- Dienstmasse: 33.000 kg
- Drehgestelle
ABnrz 417.6: GP 200
ABnrz 418: MD 43
- Höchstgeschwindigkeit: 140 km/h
- Bremse: <R> KE-GPR-A (D)
- Sitzplätze: 30/48 [1)]
- Heizung: Hhzk/ElHzs
- Erstes Baujahr
ABnrz 417.6: 2000
ABnrz 418: 1993

[1)] 1. Klasse/2. Klasse

Außer in den eigenen Werken ließ DB Regio auch Wagen von Industriebetrieben umbauen. Dazu gehören die ABnrz 418, die ab 1993 bei der OVF in Verona aus den scheibengebremsten „Silberlingen" der Bauart ABnrz 704 entstanden. Im Gegensatz dazu wurde die ABnrz 417.6 ab dem Jahr 2000 aus klotzgebremsten ABn 703 umgebaut.

Während die ABnrz 418 beim Umbau die Drehgestelle der Bauart MD 43 von den Spenderwagen übernahmen, bekamen die ABnrz 417.6 neue Drehgestelle der Bauart GP 200, ebenfalls mit Scheibenbremse. Zudem wurde die elektrische Versorgung auf Zugsammelschiene umgestellt.

Sämtliche Innenräume wurden aufgearbeitet und alle Sitze mit Stoff bezogen. Inzwischen haben alle Wagen das aktuelle, blaue Innendesign.

Die Heizung wird elektrisch betrieben und die Innenräume durch Leuchtstofflampen erhellt. Die Lüftung erfolgt über statische Lüfter der Bauart Kuckuck auf dem Wagendach und durch die Türen und Fenster. Eine Steuerleitung ermöglicht den Wendezugeinsatz.

Die ABnrz 417.6 laufen auf scheibengebremsten Drehgestellen der Bauart GP 200 (ABnrz 417.6, 50 80 31-34 417-1, 20. April 2016).

Bnr(d)z 436/443/446/451

RegionalBahn-Wagen 2. Klasse

Bei einigen Wagen wurde ein Fahrgastraum in einen Mehrzweckraum umgewandelt, der von außen durch das Fahrradpiktogramm erkennbar ist (Bnrdz 451.9, 50 80 84-35 019-0, Heilbronn Hbf.).

Die Mitte der 1960er-Jahre beschafften Nahverkehrswagen-Bauarten Bn(z) 723 und Bnr(z) 725 wurden ebenfalls in RegionalBahn-Wagen umgebaut. Mit den Bnrz 436 entstanden aus den Bnrz 725 in mehreren Ausbesserungswerken RegionalBahn-Wagen, die für den Einsatz in den Großräumen Hannover, Rhein-Ruhr und Saarbrücken vorgesehen waren. Beim italienischen Hersteller Fervet wurden 1992 und 1993 die Bnrz 725 zur Bauart Bnrz 443 umgebaut. Auch der Waggonbau OFV im italienischen Verona beteilige sich am Umbau. Hier entstanden die Bnrz 446 für Schleswig-Holstein und Bnrz 451.

Die Fahrzeuge haben Drehgestelle der Bauart Minden-Deutz 43 mit Scheibenbremsen, mit denen sie bis zu einer Geschwindigkeit von 140 km/h eingesetzt werden können. Eine Feststellbremse hindert die Wagen am selbstständigen Wegrollen. Die Einstiegsräume lassen sich durch automatisch schließende, zweiflügelige Drehfalttüren betreten.

Die Sitzbänke wurden neu gepolstert und mit Stoff bezogen, die Seitenwände und Decken neu verkleidet. Gepäckablagen befinden sich in Längsrichtung über den Fenstern.

Im Dachscheitel sind in Längsrichtung Leuchtstofflampen zu einem Leuchtenband zusammengefasst, die aus der Zugsammelschiene versorgt werden. Auf dem Dach haben die Wagen Lüfter der Bauart Kuckuck. Die elektrische Heizung lässt sich in jedem Großraum über Stellhebel regeln.

TECHNISCHE DATEN
Länge ü. Puffer: 26.400 mm
Wagenbreite: 2.825 mm
Wagenhöhe: 4.050 mm
Dienstmasse: ca. 29.000 kg
Drehgestelle: MD 43
Höchstgeschwindigkeit: 140 km/h
Bremse: <R> KE-GPR-A (D)
Großräume: 3
Sitzplätze: 96
Heizung: ElHzs/Nkohzs
Erstes Baujahr Bnrz 436: 1989 Bnrz 443: 1992 Bnrz 446, 451: 1993

Der Bnrz 436 mit der Nummer 50 80 22-34 442-0 wurde in den Sonderzügen zur „Tour de Ländle" eingesetzt und ist deshalb mit großen Fahrrad-Piktogrammen beklebt (Stuttgart, 24. April 2014).

Bnr(d)z 447.6

RegionalBahn-Wagen 2. Klasse

Drehgestelle der Bauart GP 200 mit Scheibenbremsen unterscheiden die Bnrz 447.6 von den anderen Bn 447. Die Bn 447 sind bereits alle aus dem Bestand ausgeschieden. Am 28. Oktober 2016 fährt der Bnrz 447, Nummer 50 80 84-34 306-2, in Böblingen ein.

Die hier vorgestellten Bn 447 wurden überwiegend von OFV in Verona umgebaut. Die meisten von ihnen entstanden aus „Silberlingen" der Bauart Bn 719. Für den Einsatz in Schleswig-Holstein wurden sechs Wagen mit scheibengebremsten Drehgestellen der Bauart GP 200 ausgerüstet. Die als Bnrz 447.6 und als Bnrdz 447.7 bezeichneten Wagen unterscheiden sich auch bei der Inneneinrichtung von den Bn 447. Außer der Vis-à-vis-Anordnung gibt es Sitze in Reihenanordnung.

Der geschweißte Rahmen der Drehgestell-Bauart GP 200 besteht aus unterschiedlichen Kastenprofilen. Schraubenfedern sorgen für einen ruhigen Lauf. Die Druckluft-Scheibenbremse der Bauart <R> KE-GPR (D) mit Einheitswirkung hat auf jedem Radsatz zwei Wellenbremsscheiben mit eigenem Bremszylinder.

Das Untergestell und das Gerippe des Wagenkastens sind aus unterschiedlichen Blechen und Profilen hergestellt. Die Bleche der Seiten- und Stirnwände sind aus rostfreiem Edelstahl gefertigt. Um das Sicherheitsgefühl der Fahrgäste zu erhöhen, wurden feste Fenster in die Querwände eingebaut. Gummiwülste sichern die Übergänge zu den Nachbarwagen. Doppelte Drehfalttüren ermöglichen einen schnellen Fahrgastwechsel.

Die Aufteilung des Innenraums wurde von den Spenderwagen übernommen. Es wurden einzelne „Systemsitze" eingebaut, die den Sitzen in den ersten Bauarten der Doppelstockwagen ähneln. Sie wurden in Reihe und in Vis-à-vis-Anordnung aufgestellt. Die Bnrdz bekamen an einem Ende einen Mehrzweckraum mit 18 Klappsitzen an den Längsseiten.

Weil die Drehgestelle der Bauart GP 200 keine Achsgeneratoren haben, beziehen die Wagen elektrische Energie aus der Zugsammelschiene. Im Schaltschrank an einem Wagenende befindet sich die Tafel, von der aus die elektrischen Einrichtungen bedient und überwacht werden. Hier sind auch zahlreiche Ersatzteile und ein Feuerlöscher verstaut.

TECHNISCHE DATEN

Länge ü. Puffer: 26.400 mm
Wagenbreite: 2.825 mm
Wagenhöhe: 4.050 mm
Dienstmasse: ca. 29.000 kg
Drehgestellbauart: GP 200
Höchstgeschwindigkeit: 140 km/h
Bremse: <R> KE-GPR-A (D)
Großräume: 3
Sitzplätze: 96
Heizung: ElHzs
Erstes Baujahr: 2000

Bnr(d)z 450/452

RegionalBahn-Wagen 2. Klasse

Die zuletzt von der DB beschafften Nahverkehrswagen sind an den steilen Dachenden zu erkennen. Auch sie wurden in RegionalBahn-Wagen umgebaut (Bnrz 450, Nummer 50 80 22-35 973-3, 18. März 2016).

Die Fahrzeuge, die aus den Lazarett-Wagen Bauart Bnrz 724 und den daraus abgeleiteten Nahverkehrswagen Bauart Bnrz 728 entstanden sind, bilden die letzte große Gruppe der RegionalBahn-Wagen. Alle diese Wagen sind an den steilen Dachenden erkennbar. Von OFV in Verona kamen die Bnrz 452 und ein Teil der Bnrz 450. Die Fahrzeuge der Unterbauart 450.3 wurden allerdings in Deutschland umgebaut.

Die Wagen laufen auf Drehgestellen der Bauart MD 43 mit Scheibenbremsen und sind für eine Höchstgeschwindigkeit von 140 km/h zugelassen. Untergestell und Wagenkasten wurden von den Spenderwagen übernommen. Sie bestehen aus Abkantprofilen. Wagenkasten und Dach sind mit nichtrostenden Edelstahlblechen verkleidet.

In den Innenräumen wurden die ursprünglichen Sitzbänke weiterverwendet. Die von OFV gelieferten Wagen hatten mit grünem Stoff bezogene Sitze. Inzwischen sind alle Sitze mit blauem Stoff bezogen und haben Armlehnen aus Holz. Einige Wagen haben einen Mehrzweckraum für große Gepäckstücke.

Die Versorgung der elektrischen Verbraucher erfolgt über die Zugsammelschiene aus der Lokomotive und eine zwischengeschaltete Speicherbatterie mit anschließendem Wechselrichter. Die Leuchtstofflampen sind in Aufbauleuchten im Scheitel der Innendächer montiert. Statische Dachlüfter der Bauart Kuckuck übernehmen die Belüftung der Wagen.

TECHNISCHE DATEN

- Länge ü. Puffer: 26.400 mm
- Wagenbreite: 2.825 mm
- Wagenhöhe: 4.050 mm
- Dienstmasse: ca. 30.000 kg
- Drehgestellbauart: MD 43
- Höchstgeschwindigkeit: 140 km/h
- Bremse: <R> KE-GPR-A (D)
- Großräume: 3
- Sitzplätze: 96
- Heizung: ElHzs
- Erstes Baujahr: 1993

Von den scheibengebremsten Bnrz 450 und 452 hatte die DB Anfang 2017 noch über 150 Exemplare in ihrem Bestand (Bnrdz 452, 50 80 84-34 150-4).

Byp(d)z 456, ABypbdzf 484

„Modus“-RegionalBahn

Die Mittelwagen sind reine 2.-Klasse-Fahrzeuge. Bei einigen von ihnen wurde an einem Wagenende ein Mehrzweckabteil mit Klappsitzen eingerichtet. Von außen sind sie am Fahrrad-Piktogramm zu erkennen (Bypdz 456, 50 80 84-33 163-8).

TECHNISCHE DATEN

- Länge ü. Puffer: 26.400 mm
- Wagenbreite: 2.830 mm
- Wagenhöhe: 3.690 mm
- Dienstmasse
Byz 456: 39.000 kg
ABpybdzf 484: 41.000 kg
- Drehgestelle: GP 200 S
- Höchstgeschwindigkeit: 140 km/h
- Bremse: <R> KE-GPR-A (D) [1]
- Sitzplätze
Byz 456: 86
ABpybdzf 484: 22/24 [2]
- Heizung: Klimaes
- Erstes Baujahr: 1998

[1] ABpybdzf 484 mit Zusatzbremse

[2] 1./2.-Klasse

Mitte der 1990er-Jahre stellte die PFA in Weiden eine völlig neue Vorgehensweise zur Aufarbeitung alter Nahverkehrswagen vor. Bei diesem Umbau blieben von den Spenderwagen nur Laufwerke und Untergestelle erhalten. Der Wagenkasten wurde nach neuesten Gesichtspunkten der Leichtbautechnik entwickelt. Es entstand ein modularer Aufbau, der Untergestell, Wagenkasten und Inneneinrichtung umfasste, sodass die einzelnen Elemente schnell an die Wünsche der Kunden angepasst werden konnten. Die DB beschafft 2.-Klasse-„Mittelwagen“ der Bauart Bypz 456 und Steuerwagen der Bauart ABpybdzf 484.

Inzwischen sind die meisten Wagen dieser beiden Bauarten aus dem aktiven Dienst ausgeschieden. Die Bahn hält nur noch wenige Reservewagen vor.

Die Wagen bekamen Drehgestelle der Bauart GP 200 S, die beim Umbau von Schnellzugwagen der Bauart Bom 281 frei geworden waren. Bei den Steuerwagen wurden die Scheibenbremsen um eine Zusatzbremse ergänzt. Das geschweißte Untergestell aus stählernen Abkantprofilen wurde unverändert von den Spenderwagen übernommen. Ein Sickenfußboden liefert die nötige Aussteifung. Große Doppel-Schwenkschiebetüren ermöglichen einen bequemen Zutritt zu den Wagen.

Die durchgehenden Fensterbänder und der kantige Aufbau gaben den Wagen ein Aussehen, das sich sehr von den übrigen Wagen von DB Regio unterscheidet (Bypz 456, Nummer 50 80 21-33 237-6, Gemünden, 13. Mai 2015).

Der Innenraum teilt sich in zwei Einstiegsräume und mehrere Fahrgast-Großräume. Die Sitze wurden vis-à-vis und in Reihe eingebaut. Bei der Reihenbestuhlung ist an der Rückseite jedes Sitzes ein Klapptisch montiert. Über den Fenstern sind Längsgepäckablagen montiert. Bei einigen Bypz 456 wurde ein Fahrgastraum am Ende der Wagen in einen Mehrzweckraum umgewandelt Dabei wurden die festen Sitzbänke gegen Klappsitze an den Seitenwänden ausgetauscht. Die Wagen laufen nun als Unterbauart Bypdz 456.9.

Der Führerraum der Steuerwagen-Bauart ABpybdzf 484 hat eine Steuereinrichtung für elektrische und Diesellokomotiven.

Auf dem Dach über den Einstiegsräumen wurden Kompakt-Klimageräte montiert. Die Wagen beziehen ihre Energie aus der Zugsammelschiene, aus der auch die Batterie geladen wird. Zwei Leuchtbänder mit Leuchtstofflampen sorgen für Helligkeit in den Innenräumen. Die zusätzlichen Leseleuchten sind einzeln schaltbar. Das Fahrgastinformationssystem (FIS) umfasst außer Lautsprechern und Zugzielanzeigen auch eine Notrufeinrichtung und Matrix-Zugzielanzeiger.

1.-Klasse-Abteile sind nur direkt hinter den Führerräumen der ABpybdzf 484 zu finden. Zudem haben diese Wagen eine behindertengerecht eingerichtete Vakuum-Toilette (ABpybdzf 484, 50 80 80-35 807-2).

Beim Umbau wurden die Innenräume komplett neu eingerichtet und mit ausgefallenen Sitzen ausgestattet. Die Aufnahme zeigt einen Blick in die 2. Klasse.

Bnrbdzf 480

RegionalBahn-Steuerwagen

Die Wagen der Unterbauart Bnrbdzf 480.1 fallen durch ihre Schwenkschiebetüren auf (Bnrbdzf 480, 50 80 80-34 120-1, Stuttgart-Untertürkheim, 11. September 2016).

TECHNISCHE DATEN

- Länge ü. Puffer: 26.400 mm
- Wagenbreite: 2.825 mm
- Wagenhöhe: 4.050 mm
- Dienstmasse: 35.000 kg
- Drehgestellbauart: MD 43
- Höchstgeschwindigkeit: 140 km/h
- Bremse: <R> KE-GPR-A-mZ (D)
- Sitzplätze: 54 bis 80
- Heizung: Elhzs
- Erstes Baujahr: 1997

Ab 1997 nahm die DB mit den Bnrbdzf 480 die letzten einstöckigen RegionalBahn-Steuerwagen in Betrieb, die durch Umbau aus alten Nahverkehrswagen entstanden. Auch hier wurde der Steuerkopf vom Typ Wittenberg mit seiner markanten eckigen Optik verwendet.

Die Drehgestelle der Bauart Minden-Deutz leicht 43 hat man beim Umbau von den Spenderwagen übernommen. Die Knorr-Scheibenbremse der Bauart <R> KE-GPR-A-mZ (D) hat eine selbsttätige Lastabbremsung. Für das Untergestell und Kastengerippe verwendeten die Konstrukteure unterschiedliche Blechprofile. Der Steuerkopf ist ein vorgefertigtes Segment aus glasfaserverstärktem Kunststoff. Dieses wurde auf das Untergestell montiert und mit dem Wagenkasten verbunden.

Der Innenraum teilt sich in zwei Fahrgast-Großräume und einen Mehrzweckraum mit Klappsitzen. In der Unterbauart Bnrbdzf 480.2 ist ein kleiner Serviceraum vorhanden. Die alte Toilette wurde durch eine behindertengerechte Toilette im kleinen Fahrgastraum ersetzt. Bei den Wagen für Schleswig-Holsten wurden moderne Doppelsitze eingebaut.

In der Bauart Bnrbdzf 480.2 ist eine kleiner Servicebereich mit einem Snack- und Getränkeautomat sowie einem Stehbereich zu finden (Bnrbdzf 480, 50 80 80-34 154-0, 9. April 2015).

Bybdzf 482

RegionalBahn-Steuerwagen

Weil die DR keine einstöckigen Steuerwagen bauen ließ, herrschte im Osten Deutschlands ein Mangel an solchen Wagen. Deshalb entstanden aus einigen Bmh 721 die Steuerwagen Bybdzf 482. Vier Wagen wurden in den „Schleswig-Holstein-Express“ eingereiht. Sie bekamen Schwenkschiebetüren, einen Hublift für Rollstühle und einen blauen Absetzstreifen am Dach. Die Sitze wurden mit dunkelblauem Stoff bezogen.

Die Wagen laufen auf Drehgestellen der Bauart Görlitz V mit Klotz- und Zusatzbremse. Untergestell und Wagenkasten bestehen vorwiegend aus Abkantprofilen und sind für den Einbau einer automatischen Kupplung vorbereitet.

Der Innenraum teilt sich in zwei Großräume und einen Mehrzweckraum mit Klappsitzen hinter dem Führerstand. Die neuen Sitze sind mit Stoff bezogen und wurden teils in Reihe und teils vis-à-vis angeordnet. Klappbare Kindersitze können zusätzlich zu den Gepäckablagen über den Seitenfenstern als Stauraum verwendet werden. Im Mehrzweckraum sind Klappsitze an den Seitenwänden und Halterungen für Fahrräder vorhanden. In der Unterbauart .2 gibt es Getränkeautomaten.

Die Wagen des „Schleswig-Holstein-Express“ sind an den Schwenkschiebetüren und den blauen Dachkanten zu erkennen (Bybdzf 482, 50 80 80-75 003-9, Hamburg Hbf.).

TECHNISCHE DATEN

- Länge ü. Puffer: 26.400 mm
- Wagenbreite: 2.825 mm
- Wagenhöhe: 4.050 mm
- Dienstmasse: 41.000 kg
- Drehgestellbauart: Görlitz V mod
- Höchstgeschwindigkeit: 140 km/h
- Bremse: <R> KE-GPR-mZ
- Sitzplätze: 61
- Heizung: Lhze
- Erstes Baujahr: 1994

Mehrere Bybdzf 482 wurden inzwischen von privaten Betreibern übernommen, dazu gehört auch der Tybdzf mit der Nummer 55 80 80-35 003-3 der Nord-Ostsee-Bahn, der hier in Hamburg-Harburg auf Ausfahrt wartet.

Bnrdzf 483

RegionalBahn-Steuerwagen

Der Einstiegsraum am Mehrzweckabteil wurde auf Doppeldrehfalttüren erweitert und der Führerraum bekam eigene Zugangstüren (Bnrdzf 483, 50 80 80-35 172-1).

TECHNISCHE DATEN

- Länge ü. Puffer: 26.400 mm
- Wagenbreite: 2.825 mm
- Wagenhöhe: 4.050 mm
- Dienstmasse: 34.000 kg
- Drehgestelle: MD 43
- Höchstgeschwindigkeit: 140 km/h
- Bremsbauart: <R> KE-GPR-A mZ (D)
- Sitzplätze: 78
- Heizung: ElHzs
- Erstes Umbaujahr: 1993

Die Steuerwagen der Bauart Bnrdzf 483 entstanden aus den „Silberling"-Bauarten BDnrzf 739 und BDnrzf 740. Sie haben eine Inneneinrichtung nach dem Designentwurf der italienischen OFV oder der DB-Medien.

Die Wagen laufen auf Drehgestellen der Bauart MD 43 mit Scheiben- und Zusatzbremse. Das Drehgestell unter dem Führerstand hat eine Sandstreueinrichtung, Schienenräumer und einen Schaltmagneten für die Sicherheitseinrichtungen am Gleis. Untergestelle und Wagenkasten wurden von den Spenderwagen übernommen und aufgearbeitet, der alte Steuerkopf gegen den neuen ausgetauscht und die Ladetüren des Gepäckraums entfernt. Beide Einstiegsräume haben automatisch schließende, doppelte Drehfalttüren. In den Führerraum wurden zwei seitliche Drehtüren eingebaut, sodass der Lokführer den Führerraum nun nicht mehr durch den Mehrzweckraum betreten muss.

Die Vis-à-vis-Sitzanordnung blieb erhalten. Sitze und Rückenlehnen sind inzwischen mit blauem Stoff bezogen. Über den Fenstern sind Längsgepäckablagen montiert. Die für Schleswig-Holstein gefertigten Bnrdzf 483.2 haben einen kleinen Verkaufsautomaten und ein Fahrgastinformationssystem (FIS). Im Mehrzweckraum sind Klappsitze, Fahrradhalterungen und Stellplätze für Rollstühle untergebracht.

Der Steuertisch im Führerraum ermöglicht die Bedienung von Diesel- oder Elloks. Beleuchtet werden die Wagen mit Leuchtstofflampen, die in Aufbauleuchten im Dachscheitel aufgehängt sind.

Der Bnrdzf 483 mit der Nummer 50 80 80-35 173-9 wurde inzwischen von der National Express Rail GmbH übernommen und bekam einen neuen Anstrich. Am 29. Dezember 2015 steht er in Köln-Deutz.

Bduu 497

RegionalBahn-Fahrradwagen

DB Regio übernahm Ende der 1990er-Jahre mehrere Halbgepäckwagen der Bauarten BDms 273 und BDms 278, die sie zu Fahrradtransportwagen umbauen ließ und als Bduu 497 einreihte. Ab 1997 wurden die Fahrzeuge im Werk Halberstadt umgebaut, die letzten wurden 2002 abgenommen.

Die Drehgestelle der Spenderwagen blieben erhalten. So haben die Unterbauarten .0 und .1 klotzgebremste Drehgestelle der Bauart MD 33. Wagen mit Drehgestellen der Bauart MD 36 und Scheibenbremsen wurden als Unterbauart .2 eingeordnet.

Die alten Fenster wurden komplett ersetzt. Dabei entstanden Wagen mit Fest- und Übersetzfenstern und Fahrzeuge mit Klappfenstern in den Fahrgasträumen. Die Abteile wurden ausgebaut und der Fahrgastraum in einen Großraum mit Mittelgang umgewandelt. Während man bei den drei Probewagen auf eine Toilette verzichtete, bekamen die Serienwagen eine Nasszelle mit geschlossenem Vakuum-System. Der Gepäckraum wurde in einen Mehrzweckraum mit Fahrradhaltern, Klappsitzen und Ski-Halterungen umgebaut. Zudem befinden sich hier die Schaltschränke.

Der Innenraum teilt sich in etwa zur Hälfte in einen Großraum für Fahrgäste und einen Mehrzweckraum für Fahrräder und andere sperrige Gegenstände (Bduu 497, 50 80 84-33 268-5).

TECHNISCHE DATEN

Länge ü. Puffer: 26.400 mm

Wagenbreite: 2.825 mm

Wagenhöhe: 4.050 mm

Dienstmasse: 34.000 kg

Drehgestelle
Bduu 497.0, .1: MD 33
Bduu 497.2: MD 36

Höchstgeschwindigkeit: 140 km/h

Bremsbauart: <R> KE-GPR-A (D)[1)]

Sitzplätze: 68

Heizung: ElHzs

Erstes Umbaujahr: 1997

[1)] Scheibenbremsen (D) nur bei Bduu 497.2

Im Laderaum mit seinen breiten Schiebetüren sind Fahrradhalterungen und einige Klappsitze an den Wänden montiert.

Dduu 498

RegionalBahn-Fahrradwagen

Beim Dduu 498 mit der Nummer 51 80 92-92 011-6 wurden zwei Rolltore gegen vierflügelige Falttüren ausgetauscht. Hier wartet der Wagen in Ulm auf einen neuen Einsatz.

TECHNISCHE DATEN
Länge ü. Puffer: 26.400 mm
Wagenbreite: 2.825 mm
Wagenhöhe: 4.050 mm
Dienstmasse: 33.000 kg
Drehgestellbauart: MD 33 oder MD 36
Höchstgeschwindigkeit: 140 km/h
Bremse: <R> KE-GPR
Ladefläche: 43,5 m²
Heizung: ElHz, Hhzk
Erstes Umbaujahr: 1995

Einige vom Fernverkehr nicht mehr benötigte Gepäckwagen kamen zu DB Regio und wurden ab Mitte der 1990er-Jahre zu Fahrradtransportwagen Dduu 498 umgebaut.

Beim Umbau wurden Wände und Böden neu verkleidet. Die beweglichen Trennwände für den Seitengang wurden entfernt und Fahrradständer montiert. Bei einigen Wagen wurde die Mehrspannungsanlage durch eine Einspannungsanlage ersetzt und die Dampfheizung stillgelegt. Deshalb änderte sich die Heizkennziffer von 92 in 95.

Heute werden die noch vorhandenen Wagen meist zu Sondereinsätzen herangezogen. So sind die Ulmer Wagen in den Zubringerzügen zur jährlichen Radtour „Tour de Ländle“ oder in den an den Wochenenden auf die Schwäbische Alb verkehrenden Radler-Sonderzügen zu finden.

Für die Wagen wurden Drehgestelle der Bauarten MD 33 oder MD 36 mit Klotz- oder mit Scheibenbremsen verwendet. Untergestell und Wagenkasten sind aus Stahlprofilen sowie -blechen hergestellt und für den Einbau einer automatischen Kupplung vorbereitet.

An den Enden sind Vorräume mit einfachen Drehtüren angeordnet. Die Wagen können durch Rolltore mit einer Breite von 2.000 mm beladen werden. Allerdings wurden bei vielen Wagen zwei der vier Rolltore festgelegt, sodass sie nicht mehr genutzt werden können.

Der Dduu 498, Nummer 50 80 92-40 102-8, wird meist in den Zubringerzügen zur „Tour de Ländle“ genutzt und ist deshalb mit bunten Fahrrad-Piktogrammen beklebt.

Aimz 541

RegionalBahn-Wagen 1. Klasse

Der Aimz 541 mit der Nummer 51 80 10-94 063-4 ist für die Südostbayernbahn im Einsatz und trägt eine entsprechende Beschriftung. Die Aufnahme entstand in München Hbf.

DB Regio übernahm von DB Fernverkehr nicht mehr benötigte 1.-Klasse-InterRegio-Wagen und reihte sie als Aimz 541 ein. Sie setzte die Fahrzeuge in „InterRegioExpress"-Zügen (IRE) in den Großräumen Mannheim, Stuttgart und München ein. Einige der Wagen bekam dafür den roten Anstrich der Regio-Wagen.

Die Wagen laufen auf Drehgestellen der Bauart MD 36 mit Scheiben- und Magnetschienenbremse. Einige Wagen sind mit einer Notbremsüberbrückung ausgerüstet. Die aus Profilen und Blechen bestehenden Untergestelle und Wagenkästen wurden von den Spenderwagen übernommen.

Im Innenraum befinden sich zwei Großräume mit unregelmäßiger Sitzanordnung, die durch Glastüren voneinander getrennt sind. An den Wagenenden sind insgesamt fünf Abteile mit je fünf Plätzen untergebracht. Die verstellbaren Einzelsitze haben lose Kopfpolster und gepolsterte Armlehnen. Über den Sitzen sind Spiegel und Quergepäckablagen aus Glas angebracht. In den Vorräumen sind Schließfächer zu finden. Die Toiletten mit geschlossenen WC-Systemen werden aus beheizbaren Tanks im Wagendach mit Wasser versorgt. Das Abwasser wird in einem Behälter unter dem Wagenboden gesammelt.

Die Energieversorgung erfolgt über eine Zugsammelschiene. Die Innenräume sind mit Kompakt-Leuchtstofflampen beleuchtet. Zusätzlich gibt es Sitzplatzlampen. An beiden Wagenenden finden sich einzeln schaltbare Zugschlussleuchten. Die Wagen erhielten eine neue Druckbelüftung und eine elektrische Heizung.

TECHNISCHE DATEN
Länge ü. Puffer: 26.400 mm
Wagenbreite: 2.825 mm
Wagenhöhe: 4.050 mm
Dienstmasse: 42.000 kg
Drehgestelle: MD 36
Höchstgeschwindigkeit: 200 km/h
Bremse: <R> KE-GPR-Mg (D)
Großräume: 2
Abteile: 5
Sitzplätze Großraum: 25 + 4[1] Abteile: 25 Kindersitze: 7
Heizung: Lhze
Erstes Baujahr: 1988
[1] Klappsitze

In den „Schleswig-Holstein-Express" sind noch Aimz 546 eingereiht, sie sollen aber in Kürze abgelöst werden (Aimz 546, 51 80 10-94 038-6).

DBpbzfa 668, DBpza 682, DApza 687

InterCity-Doppelstockwagen

Die DApza 687 sind reine 1.-Klasse-Wagen, die für die IC-2-Züge vorgesehen sind (DApza 687, 50 80 16-81 165-7, Böblingen, 29. November 2016).

DB Fernverkehr entschied sich Anfang 2011, auf einigen Strecken im Fernreiseverkehr Doppelstockwagen zu nutzen. Sie wandte sich an Bombardier in Görlitz, der auf Basis doppelstöckiger RegionalBahn-Wagen eine Ausführung entwickelte, die dem Reisestandard im Fernverkehr genüge tut. Es entstanden die neune Bauarten DBpbzfa 668 (2.-Klasse-Steuerwagen), DBpza 682 (2.-Klasse-Mittelwagen) und DApza 687 (1.-Klasse-Mittelwagen). Daraus sollen Garnituren aus fünf Wagen gebildet werden, für die Loks der Baureihen 146 und 147 vorgesehen sind. Entsprechend der Farbgebung des Fernverkehrs bekamen Loks und Wagen einen weißen Kasten mit rotem Streifen.

Zum Fahrplanwechsel im Winter 2015/16 begann der Einsatz auf der Linie Leipzig–Hannover–Norddeich. Im Dezember 2016 kam die Strecke Köln–Hannover–Dresden dazu. In Zukunft sollen rund 190 Direktverbindungen aus vielen Regionen in die 50 größten deutschen Städte eingerichtet werden. Auch auf der Gäubahn Stuttgart–Zürich sind die Züge vorgesehen. Dazu müssen sie mit ETCS und den Schweizer Sicherheitseinrichtungen versehen werden.

Um einen Lokwechsel in Kopfbahnhöfen zu vermeiden, gehören auch Steuerwagen zu den IC-2-Zügen. Sie wurden als DBpbzfa 668 bezeichnet (DBpbzfa 668, 50 80 86-81 870-7, Böblingen, 29. November 2016).

Der dritte und zahlenmäßig größte Wagentyp sind die reinen 2.-Klasse-Wagen DBpza 682 (DBpza 682, 50 80 26-81 410-5, Stuttgart, 14. November 2014).

Alle drei Bauarten laufen auf Drehgestellen der Bauart Görlitz IX, die eine Höchstgeschwindigkeit von 160 km/h erlaubten Druckluftbremsen der Bauart KE-R-A mit Magnetschienenbremse sollen für eine sichere Verzögerung sorgen.

Während die Mittelwagen Hocheinstiege über den Drehgestellen haben, führen bei den Steuerwagen Tiefeinstiege im Unterstock direkt in die Mehrzweckräume mit Kinderwagen- und Fahrradstellplätzen. Hier ist auch eine behindertengerecht eingerichtete Toilette.

Am Wagenende 2 im Steuerwagen hat der Zugchef sein Dienstabteil. Hier befindet sich auch ein Apparateraum. Die Sitze in den Fahrgasträumen sind teilweise in Reihe und teilweise als offene Abteile mit Tischen aufgestellt. Zudem gibt es einen Familienbereich und ein Regal für große Gepäckstücke. Kleine Gepäckstücke können in Ablagen über den Sitzen untergebracht werden. In die Ablagen sind die Leuchtenbänder der Inneneinrichtung integriert.

Die Innenräume sind an die Ausstattung der ICE-Züge angelehnt. In der 2. Klasse stehen vier, in der 1. Klasse nur drei Sitze nebeneinander. Teppiche in der 1. Klasse und hölzerne Trennwände sollen für eine angenehme Atmosphäre sorgen. Allerdings wurde auf einen Speise- oder Bistro-Bereich verzichtet. Die Versorgung der Reisenden ist lediglich über mobile Verkaufsstände am Platz möglich.

TECHNISCHE DATEN

Länge ü. Puffer
668: 27.270 mm
682, 687: 26.800 mm

Wagenbreite: 2.784 mm

Wagenhöhe: 4.631 mm

Dienstmasse
668: 56.600 kg
682, 687: 53.500 kg

Drehgestelle: Görlitz IX

Höchstgeschwindigkeit: 160 km/h

Bremse: KE-R-A (D)

Sitzplätze
DBpbzfa 668: 59
DBpza 682: 113
DApza 687: 70

Heizung: Klimaes

Erstes Baujahr: 2014

Die Inneneinrichtungen lehnen sich an den Standard in den ICE-Zügen an. So stehen in den 1.-Klasse-Wagen nur drei Sitze nebeneinander.

DBuz(a) 747, DBuz(a) 749

Doppelstockwagen 2. Klasse

Die Bauarten DBuz(a) 747 und 749 entstanden durch Umbau aus bereits bei der DR der DDR eingesetzten Doppelstock-Einzelwagen (DBuz 747, Nummer 50 80 25-33 035-0, Stuttgart-Untertürkheim, 11. September 2016).

Um die DR-Doppelstockwagen der Bauarten DBmuz 745 und 746 an die Anforderungen moderner RegionalBahn-Wagen anzupassen, wurden sie Anfang der 1990er-Jahre modernisiert. Zunächst wurden einige Wagen „teilmodernisiert". Sie bekamen stoffbezogene Sitze und neue Wandverkleidungen. Unverändert blieben die Einstiegstüren und die Anzahl der Fenster. Die Wagen erhielten die Bezeichnung DBmu 748.

Gleichzeitig entstand ein Programm zur „Vollmodernisierung" weiterer Wagen. Hierzu zählten der Einbau neuer Schiebetüren, zusätzlicher Fenster im Ober- und Zwischenstock sowie der Austausch der alten Fenster. Die Traglastenabteile wurden neu gestaltet. Als Mehrzweckräume erhielten sie Klappsitze und Abstellplätze für Kinderwagen und Fahrräder.

Die Wagen mit den niedrigen Nummern sind an den kleineren Türfenstern zu erkennen. Zu ihnen gehört auch der DBuz 747, Nummer 50 80 25-04 001-7.

Die DBuz 749 unterscheiden sich von DBuz 747 durch die fehlenden Toiletten. Bei beiden Bauarten wurden Drehgestelle mit Klotz- oder Scheibenbremsen verwendet (DBuza 747, 50 80 25-33 068-1, Stuttgart-Bad Cannstatt, 20. April 2016).

Nach den beiden Prototypen vom April und August 1992, die sich im Detail noch von den Serienwagen unterschieden, erfolgte ab Oktober 1992 der Serienumbau.

Wie die Ursprungswagen laufen die umgebauten Fahrzeuge auf Drehgestellen der Bauart Görlitz VI Do, teilweise mit Klotzbremsen (-K), teilweise mit Scheibenbremsen (-S). Die Fahrgäste steigen durch automatische Schiebetüren mit Druckknopfbedienung in die beiden Vorräume im Unterstock ein. Es wurden feste Fenster und Klappfenster eingebaut.

In den Innenräumen wurden stoffbezogene Einzelsitze mit Kopfpolstern–teils in Reihe, teils in vis-à-vis-Anordnung–eingebaut. Im Mehrzweckraum sind Klappsitze an den Seitenwänden montiert. Ein Großteil der Bauart DBuz(a) 747 hat geschlossene WC-Systeme, bei einigen wurden offene Systeme eingebaut. Bei den DBuz(a) 749 wurde auf eine Toilette verzichtet. Die Luftheizung wird, wie die Leuchtstofflampen der Innenbeleuchtung, über die Zugsammelschiene versorgt. Alle Steuer- und Überwachungsinstrumente sind in einem Schaltschrank untergebracht. Die zwölfpolige Durchgangsleitung und die Steuerleitung ermöglichen den Einsatz in Wendezügen.

Die Wagen sind überwiegend in ostdeutschen Werken beheimtet. Allerdings bekam das Werk Stuttgart vor kurzem einige Wagen. Sie sind unter anderem nach Tübingen und Heilbronn unterwegs.

TECHNISCHE DATEN
Länge ü. Puffer: 26.800 mm
Wagenbreite: 2.780 mm
Wagenhöhe: 4.630 mm
Dienstmasse: 45.000 kg
Drehgestelle: Görlitz VI Do-K, Görlitz VI Do-S
Höchstgeschwindigkeit: 120 km/h, 140 km/h
Bremse: KE-P-A (D) [1]
Sitzplätze DBuz(a) 747: 130 DBuz(a) 749: 125
Heizung: Lhze
Erstes Baujahr: 1992
[1] (D) teilweise vorhanden

Beim Umbau wurden die Wagen mit neuen Sitzen ausgestattet. Wegen der geraden Fenster im Oberstock ist hier der Freiraum über manchen Sitzen recht gering (DBuza 747, Nummer 50 80 25-04 761-6).

DBza 750, DABza 755

Doppelstockwagen 1./2. Klasse

Die Bauarten DABz 755 und DBz 750 waren die erste Serie von neuen Doppelstockwagen, die die DB zu Beginn der 1990er-Jahre für den Regionalverkehr in München beschaffte (DBz 750, 50 80 26-35 037-3, München-Pasing, 18. Oktober 2014).

Um den steigenden Reisendenzahlen im Regionalverkehr ein attraktives Angebot gegenüberzustellen, stellte die Deutsche Bundesbahn Ende der 1980er-Jahre Überlegungen zur Angebotsverbesserung an. Weil eine Erhöhung der Zugfolge sowie ein Streckenausbau kurzfristig nicht möglich waren, blieb nur die Erhöhung der Transportkapazität durch den Einsatz von Doppelstockwagen. Der Beschaffung war 1989 ein Versuchseinsatz holländischer Doppelstockwagen im Raum München vorausgegangen der zeigte, dass die Wagen sich im täglichen Betrieb bewährten und von den Fahrgästen angenommen wurden. Daraufhin erteilte die DB der Waggonbau Görlitz einen Auftrag über 55 2.-Klasse-Wagen der Bauart DBz 750 und 20 gemischtklassige Wagen der Bauart DABz 755. Die 1993 gebauten Fahrzeuge waren die ersten von der DB in Serie beschafften Doppelstockwagen für den Einsatz im Regional- und Vorortverkehr großer Städte.

Beide Bauarten laufen auf Drehgestellen der Bauart SIG LD 70 mit rollengelagerten Radsätzen und Schraubenfedern. Sie sind mit einer elektropneumatischen Scheibenbremse ausgerüstet. Der Wagenkasten ist eine selbsttragende Schweißkonstruktion in Flächen- und Schalenbauweise, an der die Untergestellvorbauten montiert sind. Ein durchgehendes Untergestell ist nicht vorhanden.

Beide Bauarten haben den gleichen Wagenkasten. Sie unterscheiden sich nur beim Grundriss und in der Ausstattung (DBz 750, Nummer 50 80 26-35 023-3, Würzburg).

Einflügelige Schiebetüren und Gummiwülste verschließen die Stirnübergänge. Beide Einstiegsräume liegen über den Drehgestellen. Ihre zweiflügeligen Schiebetüren bieten eine Öffnungsweite von 1.900 mm. Bei einigen Fenstern kann oben eine Klappe nach innen geöffnet werden, die anderen Fenster sind fest.

Ober- und Unterstock teilen sich in je zwei Fahrgasträume auf, die durch Glaswände mit Pendeltüren voneinander getrennt sind. Die Sitze sind in beiden Bauarten in Reihen- und Abteilanordnung montiert. Sie sind stoffbezogen und mit Kopfpolstern versehen. In der 1. Klasse sind auf beiden Seiten Armlehnen, in der 2. Klasse nur auf den Außenseiten. Über den Fenstern sind Längsgepäckablagen. Das Zwischendeck kann zum Abstellen von Rollstühlen oder Fahrrädern genutzt werden, deshalb sind hier drei Sitze klappbar. Am Wagenende 2 ist eine Toilette mit Waschbecken. Der zugehörige Wasserbehälter wurde in den Dachraum über dem WC eingebaut.

Die Energieversorgung erfolgt über die Zugsammelschiene und einer Pufferbatterie mit vorgeschaltetem Transformator. Die Batterie speist u. a. die Leuchtbänder in den Innenräumen. Eine Luftheizanlage im Dachraum sorgt für die Belüftung. Die Wagen haben Lautsprecher und Matrixanzeigen. Eine Sprechstelle ist in den DABz 755 zu finden. Die Durchgangsleitung und die Wendezugsteuerleitung erlauben den Einsatz in geschobenen Zügen.

Alle Wagen beider Bauarten waren Anfang 2017 in München zu Hause. Sie wurde von dort aus zusammen mit Doppelstockwagen anderer Bauarten als Wendezüge im Vorortverkehr eingesetzt.

Bei den gemischtklassigen Wagen ist der 1.-Klasse-Kennstreifen im oberen grauen Absetzstreifen angebracht. Der DABz 755, 50 80 36-35 013-2, fährt am 9. März 2016 in München Hbf. ein.

TECHNISCHE DATEN
Länge ü. Puffer: 26.800 mm
Wagenbreite: 2.780 mm
Wagenhöhe: 4.631 mm
Dienstmasse: 51.000 kg
Drehgestelle: SIG LD 70
Höchstgeschwindigkeit: 140 km/h
Bremse: <R> KE-PR-A (D)
Sitzplätze DBz 750: 139/3 [1)] DABz 755: 1. Klasse: 42 2. Klasse: 78/3 [1)]
Heizung: ElHz, Lhze
Erstes Baujahr: 1993
[1)] Klappsitze

Beide Bauarten lehnen sich an die von Schindler (Schweiz) gebauten Wagen an. Sie unterscheiden sich durch das gesickte Dach von späteren Wagen (DABz 755, 50 80 36-35 008-2, München Hbf.).

DB(p)za 751, DAB(p)za 756

Doppelstockwagen 1./2. Klasse

Der DABpza 756.9 mit der Nummer 50 80 36-35 094-2 hat nur noch einen kleinen 1.-Klasse-Bereich in der Mitte des Oberstocks. Die Aufnahme entstand am 26. September 2015 in Darmstadt.

Die DB(p)za 751 und die DAB(p)za 756 stellen eine Weiterentwicklung der DBz 750 und der DABz 755 dar. Bei ihnen wurden Wünsche der Kunden berücksichtigt. Auch diese beiden Bauarten entstanden bei der DWA in Görlitz. Abgesehen von einigen deutlichen Verbesserungen gleichen sie den Vorgängern. So wurden die Ansaugöffnungen der Lüftung verlegt. Bei den DBz 750 und DABz 755 gab es nämlich hinter Diesellokomotiven Beschwerden über die Geruchsbelästigung. Durch konsequenten Leichtbau konnte außerdem die Eigenmasse um rund 5.000 kg auf 46.000 kg verringert werden.

Für die Wagen wurde die neue Drehgestellbauart Görlitz VIII mit Schrauben- und Luftfedersystem sowie mit elektropneumatischer Scheibenbremse verwendet. Eine selbsttragende Schweißkonstruktion bildet den Wagenkasten. Untergestellvorbauten nehmen die Zug- und Stoßkräfte auf.

Die Nachfolgeserien DB(p)za 751 und DAB(p)za 756 wurden in größeren Stückzahlen beschafft. So entstanden ca. 100 gemischtklassige Wagen der Bauart DABza 756 (50 80 36-35 030-6, Emden Hbf.).

Zeitgleich mit den Wagen mit Hocheinstieg wurden erstmals auch Doppelstockwagen mit Tiefeinstieg und Klimaanlage gefertigt (DBpza 751.2, Nummer 50 80 26-35 213-0, 13. Juni 2015 Dresden Hbf.).

Die Einstiegsräume haben zweiflügelige Schiebetüren. Bei den Bauarten DBza 751 und den DABza 756 sind sie über den Drehgestellen, bei den DBpza 751 im Unterstock.

Bei den DABza 756 gibt es in beiden Stockwerken 1.-Klasse- und 2.-Klasse-Großraum-Abteile. Die stoffbezogenen Einzelsitze sind mit Kopfpolstern ausgestattet. Die Wagen mit Hocheinstieg haben am Wagenende 1 ein geschlossenes WC-System in GFK-Bauweise und einen Apparateraum. Am Wagenende 2 sind sieben Sitzplätze vorhanden. Wagen mit Tiefeinstieg haben zusätzliche Sitzplätze an beiden Enden.

Die Zugsammelschiene versorgt alle elektrischen Verbraucher in den Wagen. Die DABza und DBza werden über ein Luftheizgerät belüftet. Bei den DBpz 751 und den DABpza 756 übernimmt eine Klimaanlage diese Aufgabe. Eine Zugzielanzeige an der Außenseite, eine Lautsprecheranlage und das Global Positioning System (GPS) gehören zum Fahrgastinformationssystem. Die UIC-Durchgangsleitung und die Wendezugsteuerleitung vervollständigen die Ausstattung.

Nach gut zehn Jahren Einsatz der Doppelstockwagen der Bauarten DBz 751 und DABz 756 entschloss sich die Bahn zur Aufarbeitung zahlreicher dieser Wagen. Dabei wurden neue Klimaanlagen in Dachnischen an den Wagenenden eingebaut. Die Sitze wurden mit blauem Stoff bezogen. Die Kopfstützen bekamen Bezüge aus Kunstleder.

TECHNISCHE DATEN

Länge ü. Puffer: 26.800 mm

Wagenbreite: 2.774 mm

Wagenhöhe: 4.631 mm

Dienstmasse: 46.000 kg

Drehgestelle: Görlitz VIII

Höchstgeschwindigkeit: 140 km/h

Bremse: <R> KE-PR-A (D)

Sitzplätze
DBza 751: 136/3 [1)]
DABza 756: 1. Klasse: 42
2. Klasse: 88/3 [1)]

Heizung: ElHz, Lhze, Klimae

Erstes Baujahr: 1994

[1)] Klappsitze

Der Wagen mit der Nummer 50 80 26-35 165-2 gehört noch zur Ursprungsbauart DBza 751.0, die ab 1994 ohne Klimaanlage ausgeliefert wurde. Die Aufnahme entstand in Bremen Hbf.

DBpza 752, DABp(k)za 757

Doppelstockwagen 1./2. Klasse

Ab 1997 wurden die DBpza 752 und DABpza 757 mit Tiefeinstieg beschafft, um auch jene Strecken mit Doppelstockwagen bedienen zu können, für die sich Wagen mit Hocheinstiegen nicht eignen. Bis 1998 lieferte die DWA 130 Fahrzeuge. Von den DBpza 752 wurden die gemischtklassigen DABpkza 757 abgeleitet. Sie unterscheiden sich durch die 1. Klasse sowie durch zwei Automaten für Getränke und kleine Snacks im Mehrzweckraum.

Alle Wagen laufen auf Drehgestellen der Bauart Görlitz VIII. Sie sind mit einer Scheibenbremse und einer Notbremsüberbrückung ausgerüstet. Die DBpza 752.5 und die DABpkza 757.5 dürfen mit 160 km/h verkehren, die anderen Unterbauarten nur mit 140 km/h.

In den 1.-Klasse-Fahrgasträumen gibt es offene Abteile mit Tischen (DABpza 757, 50 80 36-75 025-7).

Die DABpza 757 wurden zunächst für den Großraum Berlin gefertigt. Sie bieten den Reisenden außer Sitzplätzen der 1. Klasse auch Getränke- und Snackautomaten (DABpza 757, 50 80 36-75 007-5, Berlin).

Um auch niedrige Bahnsteige mit Doppelstockwagen anfahren zu können, wurde die Bauart DBpz 752 beschafft. Die Aufnahme zeigt den DBpz 752, 50 80 26-35 459-9, am 1. August 2016 in Böblingen.

Der Wagenkasten setzt sich aus einer selbsttragenden Schweißkonstruktion in Flächen- und Schalenbauweise mit Untergestellvorbauten zusammen. Die beiden Einstiegsräume befinden sich im Unterstock. Automatische Doppelschiebetüren mit Druckknopfbedienung ermöglichen den bequemen Einstieg.

Im Ober- und Unterstock wurden stoffbezogene Einzelsitze mit Kopfpolstern verwendet. Während im Unterstock nur ein Großraum vorhanden ist, sind es oben zwei. Getrennt werden sie durch eine Glaswand mit Pendeltür. Bei den Wagen der Bauart DABp(k)za 757 wird der komplette Oberstock von der 1. Klasse eingenommen, im Unterstock sind außer den Mehrzweckräumen auch Sitze der 2. Klasse. Außer der Unterbauart DBpza 752.0 ohne Mehrzweckraum haben alle einen oder zwei Mehrzweckräume mit Klappsitzen und Halterungen für Fahrräder. In den „Service“-Wagen können Snacks und Getränke auf kleinen Tischen unter den Seitenfenstern abgestellt werden. An einem Wagenende sind ein geschlossenes WC-System und ein Apparateraum angeordnet.

Alle Wagen werden über eine Klimaanlage belüftet und beheizt. Versorgt werden sie über die Zugsammelschiene. Die Leuchtbänder mit Leuchtstofflampen sind über den Fenstern.

TECHNISCHE DATEN

Länge ü. Puffer: 26.800 mm

Wagenbreite: 2.774 mm

Wagenhöhe: 4.631 mm

Dienstmasse: 47.000 kg

Drehgestelle: Görlitz VIII

Höchstgeschwindigkeit: 140 km/h, 160 km/h

Bremse: <R> KE-PR-A (D)

Großräume: 3

Sitzplätze
DBpza 752: 128 [1]
DABp(k)za 757: 1. Klasse: 30
2. Klasse: 57

Heizung: Klimaes

Erstes Baujahr: 1997

[1] ohne Mehrzweckräume

Die Klimaanlagen sind in Dachnischen an den Wagenenden eingebaut (DBpz 752, Nummer 50 80 26-35 376-5).

DBp(k)za 753, DABpkza 758

Doppelstockwagen 1./2. Klasse

Bei den DABpza 758 ist der ganze Oberstock für die 1. Klasse reserviert. Die 2.-Klasse-Plätze sind im Zwischen- und im Unterstock (DABpza 758, Nummer 50 80 36-75 088-5, Stuttgart- Bad Cannstatt).

Nachdem sich die bereits beschafften Doppelstockwagen technisch bewährt hatten und von den Fahrgästen angenommen worden waren, entschloss sich die Bahn, zusätzliche Doppelstockwagen in Dienst zu stellen und somit weitere überalterte, einstöckige Regionalbahn-Wagen abzulösen. Ab 1998 entstanden insgesamt 216 Wagen der Bauart DBpz 753. Die ersten zwölf wurden mit einem kleinen Cafeteria-Bereich im Unterstock geliefert (DBpkz 753.1). Später wurde die Cafeteria ausgebaut und die Fläche als Fahrgastraum genutzt. Dazu kamen 96 gemischtklassige DABp(k)z 758. Zehn dieser Wagen wurden für den Einbau einer Cafeteria vorbereitet. Ausgestattet wurde aber nur der DABpkz 753.6 mit der Nummer 50 80 36-75 040-6, bei den anderen Wagen wurde auf die Cafeteria verzichtet und der Bereich der 1. Klasse zugeschlagen.

Für alle hier vorgestellten Wagen verwendete der Hersteller Drehgestelle der Bauart Görlitz VIII. Diese wurden speziell für das Fahrverhalten der Doppelstockwagen entwickelt und haben einen H-förmigen Tragrahmen aus unterschiedlichen hochfesten Profilen und Blechen. Die selbsttätige, elektropneumatische und indirekt wirkende Druckluftbremse der Bauart Knorr <R> KE-PR-A (D) ep hat eine automatische Lastabbremsung, eine elektronische Gleitschutzeinrichtung und einen Schnellbremsbeschleuniger. Die 160 km/h schnellen Doppelstockwagen der Unterbauarten DBpza 753.5, DABpza 758.5 und DABpkza 758.6 sind zusätzlich mit Magnetschienenbremse (Mg) ausgestattet.

Der geschweißte Wagenkasten wurde in Flächen- und Stahlbauweise hergestellt. Das Mittelteil des Kastens ist als tragende Röhre ausgeführt. So konnte auf ein Untergestell verzichtet werden.

Die Wagen können je nach Bremse mit 140 km/h oder 160 km/h eingesetzt werden. Der DBpza 753.5 mit der Nummer 50 80 26-75 091-1 gehört zu den schnellen Wagen (Emden Hbf.).

Der Innenraum der Fahrzeuge gliedert sich in die beiden Fahrgasträume in der Wagenmitte und die beiden Einstiegsräume in den Zwischenstöcken. Bei den Fahrzeugen der Unterbauart DABpza 753 wurde der ganze Oberstock der 1. Klasse zugeschlagen. Dagegen hat die Unterbauart DABpza 785.6 nur sieben Sitzplätze in der 1. Klasse in einem kleinen Großraum. Der Rest des Oberstocks gehört zur 2. Klasse. Die gepolsterten Sitze sind mit blau gemustertem Stoff bezogen und haben außen hölzerne Armlehnen. In der ersten Klasse sind auch in der Mitte der Doppelsitze Armlehnen montiert. Die Toilette befindet sich am Wagenende 2. Sie hat geschlossene Toilettensysteme mit WC-Becken, frostsicheren Wassertanks und Abwasser-Sammelbehältern.

Die Aggregate für die Klimaanlagen sind im Dachraum an den Wagenenden angeordnet. Eine Zugsammelschiene führt den Wagen die benötigte elektrische Energie zu. Alle Bauarten sind mit einer Einspannungsanlage ausgestattet, die speziell für den Einsatz hinter Elektrolokomotiven oder Diesellokomotiven mit GTO-Umrichtern und Gleichspannungszwischenkreisen ausgestattet sind. Es können Züge mit bis zu zehn Wagen versorgt werden. Ab 2001 wurde das technikbasierte Abfertigungsverfahren (TAV) eingebaut. Das Gattungszeichen wurde nachträglich um den Kennbuchstaben „a“ ergänzt. Leuchtstofflampen hinter Blendgittern erhellen die Räume in den Ober- und Unterstöcken.

TECHNISCHE DATEN
Länge ü. Puffer: 26.800 mm
Wagenbreite: 2.774 mm
Wagenhöhe: 4.631 mm
Dienstmasse: 47.000 kg
Drehgestelle: Görlitz VIII
Höchstgeschwindigkeit: 140 km/h, 160 km/h
Bremse: <R> KE-PR-A (D)
Großräume: 4
Sitzplätze DBpza 753: 139/3 [1] DABpza 758: 1. Klasse: 35 2. Klasse: 70/3 [1]
Heizung: Klimaes
Erstes Baujahr: 1998
[1] Klappsitze

Blick in den Unterstock des DABpza 758, 50 80 36-75 086-9, mit Doppelsitzen der 2. Klasse.

DApza 759

Doppelstockwagen 1. Klasse

Bei den DApza 759 läuft der gelbe 1.-Klasse-Kennstreifen über die ganze Wagenlänge. Klassenziffern und Piktogramme befinden sich nur am Unterstock (DApza 759.5, 50 80 16-75 006-1).

TECHNISCHE DATEN

- Länge ü. Puffer: 26.800 mm
- Wagenbreite: 2.774 mm
- Wagenhöhe: 4.631 mm
- Dienstmasse: 47.000 kg
- Drehgestelle: Görlitz VIII
- Höchstgeschwindigkeit: 160 km/h
- Bremse: <R> KE-PR-A (D)
- Großräume: 4
- Sitzplätze
  DBpza 753: 139/3 [1)]
  DABpza 758: 1. Klasse: 35
  2. Klasse: 70/3 [1)]
- Heizung: Klimaes
- Erstes Baujahr: 1998

[1)] Klappsitze

Für die Züge auf der Regional-Linie RE 1 (Paderborn–)Hamm–Aachen bestellte DB Regio Nordrhein-Westfalen bei Bombardier zehn reine 1.-Klasse-Wagen, die im Jahr 2000 als DApz 759.5 in den Bestand aufgenommen wurden. Die Wagen basieren auf den Bauarten DBp(k)za 753, DABpkza 758 und haben ebenfalls Hocheinstiege.

Drehgestelle der Bauart Görlitz VIII bilden das Laufwerk der Wagen. Dank der zusätzlichen Magnetschienen ist eine Höchstgeschwindigkeit von 160 km/h möglich. Der geschweißte Wagenkasten besteht aus einzelnen, vorgefertigten und von außen mit korrosionsträgem Stahl beblechten Segmenten. Die Stirnübergänge haben Gummiwülste nach UIC-Norm und können so mit einstöckigen Bauarten gekuppelt werden.

Die gepolsterten Sitze sind mit blau gemustertem Stoff bezogen und haben hölzerne Armlehnen. Zudem haben die Sitze auswechselbare Kopfpolster aus hellem Stoff. Die Sitze sind sowohl in Reihe als auch vis-à-vis als offene Abteile aufgestellt. Die Sitzflächen lassen sich verschieben und die Rückenlehnen neigen. Über den Fenstern sind Längsgepäckablagen für kleine Gepäckstücke und Kleiderhaken montiert.

Die Aggregate für die Klimaanlagen sind im Dachraum an den Enden angeordnet. Eine Anlage versorgt jeweils eine Hälfte des Wagens. So können bei Ausfall einer Klimaanlage die Wagen weiterhin notdürftig klimatisiert werden. Eine Zugsammelschiene versorgt die Wagen mit elektrischer Energie. In die Gepäckablagen integrierte Leuchtstofflampen erhellen die Räume. Die satellitengestützte Matrix-Zugziel- und Haltestellenanzeige informiert die Fahrgäste. Durch die Lautsprecheranlage mit digitalem Sprachspeicher sind Durchsagen in den Wagen möglich. Die elektrische Verbindung übernimmt die UIC-Durchgangsleitung.

DABbuzfa 760

Doppelstock-Steuerwagen

Inzwischen sind einige der DABbuzfa 760 im Großraum Stuttgart unterwegs (DABuzfa 760, 50 80 36-33 049-8, Tamm, 21. April 2017).

Die DABbuzfa 760, 1992 aus den DBmqz 773 weiterentwickelt, waren die letzten von der DR der DDR in Dienst gestellten Wagen. Der seitliche Dachbereich wurde erweitert und im Oberstock gekrümmte Scheiben eingebaut. Zunächst wurde 1992 von der Waggonbau Görlitz GmbH eine Serie von 25 Wagen geliefert. Ihr folgte 1993 eine zweite Serie, welche 75 Fahrzeuge umfasste. Somit wurden insgesamt 100 Steuerwagen an die DR ausgeliefert.

Bei den Wagen wurden Drehgestelle der Bauart Görlitz VI Do-S mit Stahlfederung und Druckluftscheibenbremse verwendet. Der selbsttragende Wagenkasten ist mit Blechen der Güte X2 Cr11 verkleidet. In beiden Einstiegsräumen im Unterstock geben die zweiflügeligen Schwenkschiebetüren einen Einstieg von 1.150 mm Breite frei.

Der obere Fahrgastraum teilt sich 1.- und 2.-Klasse-Bereiche mit Einzelsitzen in unterschiedlichen Anordnungen. Die Sitze sind mit Stoff bezogen und mit Kopfpolstern versehen. In der 1. Klasse wurden Armlehnen montiert, in der 2. Klasse wurde darauf verzichtet. Glaswände mit Pendeltüren trennen die einzelnen Räume voneinander. Im Zwischenstock am Wagenende 2 sind Plätze der 2. Klasse und das Dienstabteil zu finden. Am Wagenende 1 befinden sich ein Führerstand und die Sitze der 1. Klasse. Im Unterstock sind im 2.-Klasse-Bereich ein Mehrzweckraum mit 19 Klappsitzen und ein behindertengerechtes WC untergebracht.

Alle elektrischen Verbraucher beziehen ihre Energie über die Batterie aus der Zugsammelschiene. Die Wagen verfügen über eine zeitmultiplexe Wendezugsteuerung (ZWS) mit einer Anlage zur Automation des Betriebs im Zug (AIZ). Ein Fahrgastinformationssystem (FIS) ist ebenfalls vorhanden.

TECHNISCHE DATEN

Länge ü. Puffer: 26.800 mm

Wagenbreite: 2.780 mm

Wagenhöhe: 4.630 mm

Dienstmasse: 48.000 kg

Drehgestelle: Görlitz VI Do-S

Höchstgeschwindigkeit: 140 km/h

Bremse: <R> KE-PR-A (D)

Großräume: 4

Sitzplätze
1. Klasse: 28/3 [1]
2. Klasse: 44/21 [1]

Heizung: Lhze/ElHz

Erstes Baujahr: 1992

[1] Klappsitze

DBbzfa 761, DABpbzfa 762

Doppelstock-Steuerwagen

Neben den Doppelstockwagen der Bauarten DBza 751 und DABza 756 beschaffte die DB ab 1995 auch Steuerwagen. Die Wagen der Bauart DBbzfa 761 sind die ersten neuen Doppelstock-Steuerwagen der DB AG. Sie lehnen sich an die DABbuzfa 760 an, allerdings mit zahlreichen Neuerungen, z. B. einem völlig neu geformten Steuerkopf. Insgesamt lieferte die DWA Waggonbau Görlitz 58 dieser Wagen. Gleichzeitig entstanden 32 Wagen der Bauart DABpbzfa 762 als gemischtklassige Fahrzeuge mit Klimaanlage.

Die luftgefederten Drehgestelle der Bauart Görlitz VIII sind mit einer elektropneumatischen Scheibenbremse mit Zusatzbremse und Notbremsüberbrückung ausgestattet. Eine Handbremse wirkt auf das Drehgestell am Wagenende 2. Das Drehgestell unter dem Führerstand enthält die Sandstreuanlage, die Spurkranzschmierung und einen Schaltmagneten. Eine selbsttragende Schweißkonstruktion in Flächen- und Schalenbauweise bildet den Wagenkasten. Zur Aufnahme der Zug- und Stoßkräfte wurden Untergestellvorbauten montiert. Doppelschiebetüren mit einer lichten Weite von 1.150 mm ermöglichen das bequeme Einsteigen in die beiden Einstiegsräume im Unterstock. Bei den DBbzfa 761 liegt der Fußboden nur 600 mm über SO. Bei den DBbzfa 761.2 ist er dagegen 760 mm hoch, deshalb sind diese Wagen mit einer Klapptrittstufe ausgerüstet. Die 1.150 mm breiten Seitenfenster können teilweise im oberen Bereich geöffnet werden.

Während im Oberstock nur Einzelsitze in verschiedenen Anordnungen aufgestellt sind, haben im Unterstock neben Einzelsitzen auch die Toilette und der Mehrzweckraum ihren Platz gefunden. Die gepolsterten Einzelsitze sind mit Armlehnen und Kopfpolstern ausgestattet. Bei der

Die Bundesländer Sachsen und Rheinland-Pfalz haben sich für die Beschaffung klimatisierter Wagen der Bauart DABpbzfa 762 entschieden (DABpbzf 762, Nummer 50 80 80-35 374-3, Dresden-Stetzsch).

gemischtklassigen Bauart DABpbzfa 762 ist um den Einstiegsraum am Wagenende 2 ein 1.-Klasse-Bereich eingerichtet. Hier sind die Einzelsitze breiter, haben zwei Armlehnen je Sitz und verfügen zusätzlich über ein loses Kopfpolster. Der Mehrzweckraum im Unterstock zeichnet sich durch eine große freie Fläche aus und ist speziell für Rollstuhlfahrer und für die Beförderung von sperrigen Gütern wie Kinderwagen oder Fahrrädern vorgesehen. An seinen Längsseiten sind Klappsitze montiert, die von den Reisenden genutzt werden können. Die Toilette ist als großräumiges und behindertengerechtes Vakuum-WC ausgeführt.

Bei den DABpbzfa 762 ist statt der Luftheizung eine Klimaanlage vorhanden. Hier übernimmt ein Kompaktklimagerät die Versorgung der Wagen mit Frischluft. Die Leuchtenbänder mit Leuchtstoffröhren werden über einen Wechselrichter aus der Speicherbatterie gespeist, die aus der Zugsammelschiene versorgt wird. Der Führerstand ist mit einer Einrichtung zur Steuerung von Diesel- und Elektrolokomotiven ausgestattet. Er hat eine zeitmultiplexe Wendezugsteuerung (ZWS) und eine frequenzmultiplexe Zugsteuerung (FMZ). Das Fahrgastinformationssystem (FIS) ergänzt die Ausstattung.

Die zunächst für Stuttgart beschafften DBbzfa 761 hatten nur die 2. Klasse. Gemischtklassige Wagen werden als DABpbzfa 762 bezeichnet (DBbzf 761, 50 80 80-35 382-65, Bremen Hbf.).

TECHNISCHE DATEN
Länge ü. Puffer: 27.270 mm
Wagenbreite: 2.774 mm
Wagenhöhe: 4.631 mm
Dienstmasse: 49.000 kg
Drehgestelle: Görlitz VIII
Höchstgeschwindigkeit: 140 km/h
Bremse: KE-PR-A-mZ (D)
Großräume: 4
Sitzplätze DBbzfa 761: 101 DABpzfa 762: 1. Klasse: 21 2. Klasse: 50/23[1]
Heizung: Lhze, ElHz, Klimae
Erstes Baujahr:1994
[1] Klappsitze

In der Nähe der Treppen sind im Oberstock Sitze in Längsrichtung montiert (DBpzfa 761, 50 80 80-35 350-3).

DBpbzfa 763, DABpbzfa 764

Doppelstock-Steuerwagen

Die hier vorgestellten Steuerwagen unterscheiden sich äußerlich durch die abgerundeten Stirnseiten von ihren Vorgängern (DABpbzfa 764, 50 80 86-35 056-0, Stuttgart-Untertürkheim, 5. August 2014).

TECHNISCHE DATEN

- Länge ü. Puffer: 27.270 mm
- Wagenbreite: 2.774 mm
- Wagenhöhe: 4.631 mm
- Dienstmasse: 48.000 kg
- Drehgestelle: Görlitz VIII
- Höchstgeschwindigkeit
  DBpbzfa 763: 140 km/h
  DBpbzfa 763.5: 160 km/h
  DABpbzfa 764: 140 km/h
- Bremse: KE-PR-A-Mg [1)]-mZ (D)
- Großräume: 4
- Sitzplätze
  DBpbzfa 763: 101
  DABpbzfa 764: 1. Klasse: 38
  2. Klasse: 41
- Heizung: Klimae
- Erstes Baujahr: 1997

[1)] Mg nur DBpbzfa 763.5

Eine weiterentwickelte Version der Doppelstock-Steuerwagen sind die Bauarten DBpbzfa 763 und DABpbzfa 764. Außer der geänderten Kopfform erhielten die Wagen eine neue Klimaanlage. 1997 stellte die DWA in Görlitz die Doppelstock-Steuerwagen DBpbzfa 763 und DABpbzfa 764 vor. Sie wurden als Ergänzung zur Bauart DBpza 752 gebaut. Die DABpbzfa 764 haben einen 1.-Klasse-Bereich, auf den bei den DBpbzfa 763 verzichtet wurde, weil sie mit den DABpkza 757.5 laufen.

Beide Bauarten laufen auf Drehgestellen der Bauart Görlitz VIII mit Luftfederung und automatischer Scheibenbremse. Die Drehgestelle haben alle für Steuerwagen erforderlichen Zusatzeinrichtungen wie Sandstreueinrichtung und Schienenräumer. Die Wagen der Unterbauart DBpbzfa 763.5 haben zusätzlich eine Magnetschienenbremse und können bis zu einer Höchstgeschwindigkeit von 160 km/h eingesetzt werden. Der Wagenkasten setzt sich aus Profilen in Flächen- und Schalenbauweise zusammen. Für den Steuerkopf verwendete man GFK-Teile.

Im Unterstock befinden sich ein Mehrzweckraum mit Klappsitzen unter den Seitenfenstern und eine behindertengerechte Toilette (DABpbzfa 764, 50 80 86-35 058-6).

Außer den gemischtklassigen DABpbzfa 764 wurden auch reine 2.-Klasse-Wagen gebaut. Sie wurden von der Bahn als DBpzfa 763 bezeichnet. Die Aufnahme zeigt den Wagen 50 80 86-75 004-1 in Berlin.

Bei den DABpbzfa 764 wurde der gesamte Oberstock für die 1. Klasse verwendet. Eingerichtet ist er mit blau bezogenen Einzelsitzen in verschiedenen Anordnungen. Die Sitze haben Kopfpolster und auf beiden Seiten Armlehnen. Im Unterstock befinden sich ein kleiner Fahrgastraum 2. Klasse sowie ein Mehrzweckraum mit Klappsitzen und Haltegurten für Fahrräder. Ein behindertengerechtes, geschlossenes WC-System mit Schränken und Waschbecken trennt die beiden Räume voneinander. Der Frischwasserbehälter ist an die Heizung angeschlossen. Im Zwischenstock ist außer den Schaltschränken und einem Dienstabteil ein Raum mit Klappsitzen zu finden.

Der Einheitsführerraum verfügt u. a. über eine zeitmultiplexe und eine frequenzmultiplexe Wendezugsteuerung (ZWS und FMZ). Der digitale Sprachspeicher, das GPS-Gerät und die Eingabeeinheit für die Zugzielanzeige sind ebenfalls hier zu finden. Die Wagen sind so konzipiert, dass sie sowohl Diesellokomotiven als auch Elloks steuern können.

Die Energieversorgung erfolgt über die Zugsammelschiene, die die Speicherbatterie speist. Die Batterie versorgt über den Wechselrichter ihrerseits die aus Leuchtstofflampen bestehende Innenbeleuchtung sowie die Klimaanlage, die in den Dachbereichen an den Wagenenden montiert ist. Eine zentrale Diagnoseeinheit regelt und überwacht die elektrischen Einrichtungen. Hier kann das Personal Informationen über Störungen und Unregelmäßigkeiten abrufen.

Am DABpbzfa 764 mit der Nummer 50 80 86-35 058-6 sind die Lüftungsöffnungen für die Klimaanlage an den Dachenden gut zu erkennen (Böblingen, 27. Februar 2017).

In den DABpbzfa 767 ist im Oberstock ein kleiner 1.-Klasse-Bereich eingerichtet. Am 15. Juni 2015 legt der DABpbzfa 767 mit der Nummer 50 80 86-81 093-6 auf seiner Fahrt nach Dresden einen Zwischenhalt in Königstein ein.

DBpbzfa 765/766, DABpbzfa 767

Doppelstock-Steuerwagen

Die 160 km/h schnellen Steuerwagen-Bauarten DBpbzfa 765/766 und DABpbzfa 767 gehören zur derzeit neuesten Entwicklung dieses Wagentyps bei der DB. Die hier vorgestellten Bauarten wurden von der Bombardier Transportation in Görlitz ab 2000 gebaut.

Die Wagen laufen auf luftgefederten Drehgestellen der Bauart Görlitz VIII mit den für Steuerwagen erforderlichen Zusatzeinrichtungen wie Sandstreuanlage, Schienenräumer und Schaltmagnete für die Sicherheitseinrichtungen am Gleis. Die selbsttätige, indirekt wirkende Hochleistungs-Druckluft-Scheiben- und Magnetschienenbremse hat eine Notbremsüberbrückung und eine ep-Bremsfunktion. Die beiden Einstiegsräume im Unterstock werden durch automatische Doppelschiebetüren mit Sensorbedienung verschlossen. Für den Stirnübergang wählte man eine einflügelige Schiebetür mit Gummiwulst. Er ist so ausgeführt, dass auch einstöckige Reisezugwagen gekuppelt werden können.

Mit ihrer kombinierten Scheiben- und Magnetschienenbremse können die Wagen mit einer Geschwindigkeit von bis zu 160 km/h eingesetzt werden (DBpbzfa 765, 50 80 86-75 052-0, Kirchlengern).

Die Steuerwagen der hier vorgestellten Bauarten unterscheiden sich äußerlich durch die größere Fensteranzahl von ihren Vorgängern (DBpbzfa 766, Nummer 50 80 86-81 015-9, Münster Hbf.).

Der Innenraum teilt sich in je einen Großraum im oberen und unteren Stockwerk. Dazu kommen am Wagenende 2 ein Apparateraum und das Dienstabteil mit Schränken, Schreibtisch und Sitzgelegenheit. Am Wagenende 1 ist der Führerraum. Während oben nur feste Sitze in Vis-à-vis- und Reihenanordnung zu finden sind, ist der Unterstock als Mehrzweckraum mit Klappsitzen und Stellplätzen für Rollstühle ausgeführt. Außerdem sind hier feste Sitze und die geräumige, behindertengerechte Toilette mit geschlossenem Abwassersystem zu finden. Alle Sitze sind mit Stoff bezogen. Die Sitze haben zusätzlich Kopfpolster und Armlehnen. Der obere Fahrgastraum bietet 31 Sitzplätze, im unteren können 54 Fahrgäste Platz nehmen. Dazu kommen sechs weitere Plätze im einstöckigen Bereich, sodass insgesamt 91 Sitzplätze zur Verfügung stehen.

Alle Verbraucher in den Wagen werden aus der Zugsammelschiene über eine Bleibatterie versorgt. Leuchtstofflampen hinter Blendgittern über den Seitenfenstern sorgen für eine angenehme Beleuchtung der Innenräume. Die Heizung besteht aus zwei regelbaren Kompaktklimageräten mit jeweils zwei Heizregistern und einer Heizleistung von je 16 kW. Die Geräte sind so im Dachraum an den Wagenenden montiert, dass sie zur Wartung und Reparatur nach oben aus dem Dach gehoben werden können. Mit dem Führerstand können Diesel- und Elektrolokomotiven bedient werden. Er hat eine zeitmultiplexe Wendezugsteuerung (ZWS) und eine frequenzmultiplexe Zugsteuerung (FMZ). Das Fahrgastinformationssystem (FIS) ergänzt die Ausstattung.

TECHNISCHE DATEN
Länge ü. Puffer: 27.270 mm
Wagenbreite: 2.784 mm
Wagenhöhe: 4.631 mm
Dienstmasse: 52.000 kg
Drehgestelle: Görlitz VIII
Höchstgeschwindigkeit: 160 km/h
Bremse: KE-PR-A-Mg-mZ (D)
Großräume: 2
Sitzplätze: 91
Heizung: Klimae
Erstes Baujahr: 2000

Von den Einstiegsräumen aus gelangen die Fahrgäste ohne Stufen oder Türen in die Mehrzweckräume. So können sperrige Gegenstände bequem ein- und ausgeladen werden (DBpbzfa 766, 50 80 86-81 103-3).

DBp(k)za 780/781, DABpza 785/786

Doppelstockwagen 1./2. Klasse

Während die DBpza 780 und DABpza 785 Tiefeinstiege haben, gelangen die Reisenden bei den DBpza 781 und DABpza 786 durch Hocheinstiege ins Innere (DBpza 780, 50 80 26-81 224-0, Stuttgart Hbf.).

TECHNISCHE DATEN
Länge ü. Puffer: 26.800 mm
Wagenbreite: 2.784 mm
Wagenhöhe: 4.631 mm
Dienstmasse: 49.000 kg
Drehgestelle: Görlitz VIII Mg
Höchstgeschwindigkeit: 160 km/h
Bremse: <R> KE-PR-A-Mg (D)
Großräume DBpza 780: 2 DABpza 785: 3
Sitzplätze DBpza 780: 121 DABpza 785: 1. Klasse: 31 2. Klasse: 63
Heizung: Klimaes
Erstes Baujahr: 2003

Zusammen mit den Steuerwagen der Bauarten 765, 766 und 767 beschaffte die DB ab 2003 auch reine 2.-Klasse-Wagen und gemischtklassige Fahrzeuge ohne Führerstand. Wie die Vorgänger entstanden die hier beschriebenen Wagen alle bei Bombardier in Görlitz. Die Lieferung der DBpza 780 und 781 sowie DABpza 785 und 786 war bis 2012 abgeschlossen. Von den DBpza 780 entstanden in fünf Unterbauarten insgesamt 237 Exemplare. Die 140 Fahrzeuge der Bauart DBpza 781 wurden in vier Ausführungen geliefert. 52 Wagen der 1./2.-Klasse-Bauart sind als DABpza 785 in drei Unterarten im Bestand der DB. Von den DABpza 786 hat die Bahn insgesamt 66 Wagen in drei Unterbauarten.

Die Wagen laufen auf luftgefederten Drehgestellen der Bauart Görlitz VIII Mg, die außer der selbsttätigen und indirekt wirkenden Hochleistungs-Druckluft-Scheibenbremse auch eine Magnetschienenbremse hat. Ep-Bremsfunktion, Notbremsüberbrückung, Schnellbremsbeschleuniger und Feststellbremse vervollständigen die Bremsausstattung. Bei

Alle hier vorgestellten Wagen haben geschlossene WC-Systeme, deren Abwasserbehälter beim DBpza 781, Nummer 50 80 26-81 057-4, links vom linken Drehgestell zu erkennen ist (Bremen, 30. Juni 2015).

Die Wagen des Verkehrsverbunds Oberelbe (VVO) unterscheiden sich durch zusätzliche graue Streifen von anderen Doppelstockwagen (DABpza 785, 50 80 36-81 015-0, Dresden, 12. Juni 2015).

Wagen, die nur für eine Höchstgeschwindigkeit von 140 km/h zugelassen sind, wie den DBpza 781.3, konnte auf die Magnetschienenbremse verzichtet werden. Der Kasten ist als selbsttragende Schweißkonstruktion in Flächen- und Schalenbauweise hergestellt.

Die Bauarten DBpza 780 und 781 sind reine 2.-Klasse-Wagen. Bei den DABpza 785 und 786 ist der gesamte Oberstock für die 1. Klasse reserviert, die restlichen Plätze gehören der 2. Klasse. Während man bei den 2.-Klasse-Wagen auf Mehrzweckräume verzichtete, ist ein solcher im Unterstock der gemischtklassigen Wagen zu finden. Klappsitze an den Seitenwänden geben einen großen Stellplatz für Fahrräder, Rollstühle, Kinderwagen oder sperrige Güter frei. Im Oberstock gibt es große Gepäckablagen für die 1. Klasse. Die geschlossenen Toiletten-Systeme sind bei allen Bauarten am Wagenende 2 zu finden. Frischwasser wird in einem Tank über der Toilette mitgeführt, das Abwasser in einem Tank unter der Toilette gesammelt. Gegenüber der Toilette befindet sich ein Apparateraum, in dem alle Regel- und Überwachungselemente der elektrischen Einrichtungen untergebracht sind.

Die Wagen sind voll klimatisiert. Die Kompaktklimageräte werden wie alle anderen Verbraucher über die Zugsammelschiene versorgt. Sie sind im Dach an den Wagenenden untergebracht und von außen an den großen Ansauggittern für Frischluft zu erkennen. Das Fahrgastinformationssystem (FIS) verfügt über optische und akustische Einrichtungen, mit denen die Fahrgäste unterrichtet werden.

Der DABpza 786 mit der Nummer 50 80 36-81 077-0 gehört der Südostbayernbahn und trägt entsprechende Aufschriften. Hier fährt er aus München Hbf. aus.

ABx 791, Bx 794

S-Bahn-Wagen 1./2. Klasse

Die ABx 791 und Bx 794 wurden ausschließlich für den Einsatz in S-Bahn-Zügen beschafft, deshalb haben sie drei Einstiegsräume (ABx 791, Nummer 50 80 30- 33 159-1, Köln-Deutz).

TECHNISCHE DATEN
Länge ü. Puffer: 24.500 mm
Wagenbreite: 2.870 mm
Wagenhöhe: 3.852 mm
Dienstmasse: 28.000 kg
Drehgestelle: LD 76
Höchstgeschwindigkeit: 140 km/h
Bremse: KE-P-A (D)
Großräume: 2
Sitzplätze ABx 791 1. Klasse: 32 2. Klasse: 48 Bx 794: 80
Heizung: Lhzes
Erstes Baujahr: 1979

x-Wagen werden noch in den S-Bahn-Zügen im Rhein-Ruhr-Gebiet eingesetzt (Bx 794, 50 80 20-33 256-7).

Um bei der S-Bahn flexibel auf Schwankungen der Fahrgastzahlen reagieren zu können, beschaffte die DB ab 1979 für das Gebiet Rhein-Ruhr Wagen der Bauarten ABx 791, Bx 794 und Bxf 796. Das Fehlen der Toilette in den Triebwagen der Baureihe 420 wurde ganz besonders im Rhein-Ruhr-Gebiet bemängelt, weil dort die Haltestellenabstände wesentlich größer sind als in anderen S-Bahn-Netzen. Dies veranlasste die DB, auf lokbespannte Züge mit Einzelwagen zurückzugreifen. 1979 lieferten MBB und DUEWAG die ersten ABx 791, Bx 794 und Bxf 796 an die DB aus. Nach der Änderung einiger Details begann 1981 die Serienlieferung.

Zweistufig gefederte Drehgestelle der Bauart LD 76 mit Luftfedern und Scheibenbremsen bilden die Laufwerke. Die Wagenkästen sind aus Aluminiumprofilen hergestellt. Wegen der hohen Bahnsteige in den S-Bahn-Netzen konnte auf Trittstufen verzichtet werden.

Beim Grundriss unterscheiden sich die ABx 791 kaum von den Bx 794. Die 1. Klasse ist durch eine Trennwand von der 2. Klasse abgetrennt. Die Doppelsitze sind mit Stoff bezogen.

Eine Zugsammelschiene versorgt eine Speicherbatterie mit Energie. Die Leuchtstofflampen sind hinter Blendgittern montiert.

Bxf 796

S-Bahn-Steuerwagen 2. Klasse

Während bei den Mittelwagen auf Toiletten verzichtet wurde, sind in den Steuerwagen am Übergangsende zwei Toiletten integriert. Am 24. Juli 2014 wartet der Bxf 796, Nummer 50 80 27-33 126-5, in Köln-Deutz auf Ausfahrt.

Um an den Endpunkten der S-Bahn-Strecken die Lokomotiven nicht umspannen zu müssen, beschaffte die Deutsche Bundesbahn die S-Bahn-Steuerwagen der Bauart Bxf 796.

Als Laufwerke dienen Drehgestelle der Bauart LD 76 mit Drehhemmern und Wankstützen. Untergestell und Wagenkasten bestehen aus Aluminium-Großstrang-Pressprofilen.

Der Innenraum zwischen den Einstiegsräumen teilt sich in zwei Fahrgasträume mit jeweils drei offenen Abteilen. Am Ende 2 befindet sich außer zwei Toiletten ein weiteres offenes Fahrgastabteil. Am anderen Wagenende ist ein Stellplatz mit Klappsitzen für Rollstühle oder große Gepäckstücke. Der Führerstand der ersten Wagen ist mit dem der Baureihe 111 identisch. Ab der Unterbauart Bxf 796.3 lehnt er sich an den der Baureihe 120 an und hat u. a. eine zeitmultiplexe Wendezugsteuerung, Sifa und Türschließer.

Elektrische Energie wird über die Zugsammelschiene zugeführt. Eine 12-polige Durchgangsleitung und die 36-polige Wendezugsteuerleitung ergänzen die Ausstattung.

TECHNISCHE DATEN

- Länge ü. Puffer: 25.260 mm
- Wagenbreite: 2.870 mm
- Wagenhöhe: 3.852 mm
- Dienstmasse: 31.000 kg
- Drehgestelle: LD 76
- Höchstgeschwindigkeit: 140 km/h
- Bremse: KE-R-A-mZ (D)
- Großräume: 1
- Sitzplätze: 62
- Heizung: Lhzes
- Erstes Baujahr: 1978

Die Einrichtung des Führerraums der Steuerwagen-Bauart Bxf 796 lehnt sich je nach Bauserie an die der Ellok-Baureihen 111 oder 120 an.

Avmz 801, ASmz 803

ICE-1-Mittelwagen 1. Klasse

Von den Avmz 801 wurden drei Unterbauarten gefertigt, die sich durch ihre Einrichtung unterscheiden (801 002-7, Stuttgart Hbf., 24. April 2015).

TECHNISCHE DATEN

- Länge ü. Kupplung: 26.400 mm
- Wagenbreite: 3.020 mm
- Wagenhöhe: 3.856 mm
- Dienstmasse: 51.700 kg
- Drehgestelle: MD 53
- Höchstgeschwindigkeit: 280 km/h
- Bremse: <R> KE-R-Mg (D)
- Großräume: 1
- Abteile: 3
- Sitzplätze Avmz 801: 48 ASmz 803: 43
- Heizung: Klimae
- Erstes Baujahr: 1990

Für den Einsatz im ICE-Hochgeschwindigkeitsverkehr wurden außer den Triebköpfen der Baureihe 401 auch neue, antriebslose Mittelwagen gebaut, die 1.-Klasse Wagen Avmz 801 und die ASmz 803 mit Sonderabteilen. Insgesamt entstanden bei DUEWAG, LHB, MBB und der Waggon Union 198 Mittelwagen 1. Klasse, die sich in drei Unterbauarten aufteilen. Die ASmz 803 wurden ab 1990 von DUEWAG, LHB, MBB und der Waggon Union als 2.-Klasse-Wagen gebaut und im Rahmen des Redesigns zu 1.-Klasse-Wagen aufgewertet.

Die Wagen laufen auf Drehgestellen der Bauart MD 53 mit Stahlfederung und doppelter Drehhemmung. Sie sind mit einer Scheiben- und einer Magnetschienenbremse ausgestattet. Die verwindungssteife Bodenplatte des Untergestells besteht aus Hohlkammerprofilen mit Tragschienen für Aggregate und einer geschlossenen Bodenwanne. Die Seitenfenster sind von außen montiert und bilden zusammen mit Blindfenstern ein durchlaufendes Fensterband.

Die Wagen haben drei geschlossene Abteile mit je fünf Plätzen und einen Großraum mit wechselnder Sitzanordnung. Die offenen Abteile neben dem Einstiegsraum sind mit Vis-à-vis-Bestuhlung und Tischen ausgestattet. Hinter den Abteilen schließen sich ein geschlossenes WC-System sowie eine abschließbare Gepäckablage und der Schaltschrank an.

Die ASmz 803 wurden als 2.-Klasse-Wagen gebaut und im Rahmen des Redesigns zu 1.-Klasse-Wagen aufgewertet (803 105-6, Würzburg Hbf.).

Bvmz 802

ICE-1-Mittelwagen 2. Klasse

Der 2.-Klasse-Wagen 802 830-0 ist direkt an einen Triebkopf gekuppelt und trägt das Wappen der Stadt Rosenheim (Hamburg-Harburg, 29. Juni 2015).

Die fünf Unterbauarten der Bvmz 802 wurden ab 1990 von DUEWAG, LHB, MBB und der Waggon Union gebaut. In der Regel besteht ein ICE-1-Zug aus zwei Triebköpfen (Baureihe 401), drei Wagen 1. Klasse (Bauart 801), dem 1.-Klasse-Wagen mit Sonderabteilen (Bauart 803), einem Speisewagen (Bauart 804) sowie sieben Sitzwagen 2. Klasse (Bauart 802). Dabei trennt der Speisewagen die beiden Klassen voneinander. 2005 startete ein umfangreiches Redesign-Programm für die ICE-1-Mittelwagen. Ziel war es, die Inneneinrichtung und die elektrische Ausrüstung an jene der ICE-3 anzupassen.

Druckdichte Doppel-Wellenbalge sichern die Stirnübergänge, die nicht durch Türen von den Vorräumen abgetrennt sind.

Die 2.-Klasse-Wagen der Bauart Bvmz 802 haben außer vier geschlossenen Abteilen mit je fünf Plätzen einen Großraum, zwei geschlossene WC-Systeme und ein Schaltschrank mit Schauvitrinen.

Zwei Zugsammelschienen speisen über Gleichrichter die unter dem Fußboden aufgehängte Speicherbatterie, den Energieversorgungsblock (EVB) und die Klimaanlage.

TECHNISCHE DATEN

Länge ü. Kupplung: 26.400 mm
Wagenbreite: 3.020 mm
Wagenhöhe: 3.856 mm
Dienstmasse: 52.700 kg
Drehgestelle: MD 53
Höchstgeschwindigkeit: 280 km/h
Bremse: <R> KE-R-Mg (D)
Großräume: 1
Abteile: 4
Sitzplätze: 66
Heizung: Klimae
Erstes Baujahr: 1990

Im Redesign-Programm wurden die ICE-1-Züge u. a. mit den im ICE 3 verwendeten Sitzen und Tischen bestückt (802 604-9).

Die WSmz 804 fallen durch ihre hohen Dächer und die Oberlichtfenster auf (804 042-0, Stuttgart Hbf., 24. April 2015).

WSmz 804

ICE-1-Restaurantwagen

TECHNISCHE DATEN
Länge ü. Kupplung: 26.400 mm
Wagenbreite: 3.020 mm
Wagenhöhe: 4.311 mm
Dienstmasse: 56.000 kg
Drehgestelle: MD 53
Höchstgeschwindigkeit: 280 km/h
Bremse: <R> KE-R-mg (D)
Sitzplätze Restaurant: 24 Bord-Treff: 16
Stehplätze Bord-Treff: 12
Heizung: Klimae
Erstes Baujahr: 1990

Die Speisewagen der ICE-1-Züge unterscheiden sich durch ihre Höhe von den anderen ICE-Wagen. Innen sind die Küche, das Restaurant und ein Bord-Treff. Die 60 WSmz 804 wurden von der Waggon Union in Berlin geliefert.

Der Zugang zu den Speisewagen ist nur durch druckdichte Faltenbälge an den Stirnseiten möglich. Etwa in der Mitte der Wagen ist auf beiden Seiten eine Ladetür. Zusätzlich zum durchlaufenden Fensterband sind im Dachbereich Oberlicht-Fenster angeordnet. Holzlamellen verhindern die direkte Sonneneinstrahlung durch diese Fenster und erzeugen so eine behagliche Atmosphäre.

Der Innenraum gliedert sich in zwei Speiseräume, die durch eine Satellitenküche voneinander getrennt sind. Im Restaurant stehen an acht Tischen insgesamt 24 Plätze zur Verfügung. Im Bord-Treff-Bereich stehen in Längsrichtung vier Tische, an die sich Sitzgruppen mit 16 Plätzen anschließen. Im Gegensatz zum Restaurant müssen kleine Speisen und Getränke selbst an der Theke abgeholt werden. In Eingangsbereichen sind Garderoben untergebracht. Die Küche ist mit Mikrowellenherd, Grill und Getränkezapfanlage ausgestattet.

Im Speisebereich können insgesamt 24 Gäste gleichzeitig versorgt werden. Im Treff-Bereich stehen noch einmal 16 Plätze zur Verfügung.

Apmz 805, Bpmz 806

ICE-2-Mittelwagen 1./2. Klasse

Bei den Sitzwagen des ICE 2 wurde auf geschlossene Abteile verzichtet. Alle Sitzplätze befinden sich in Großräumen mit Mittelgang (805 326-6, München Hbf.).

Für die ICE-2-Züge wurden erneut antriebslose Mittelwagen verschiedener Bauarten beschafft, darunter die 1.-Klasse-Wagen Bauart Apmz 805 und die 2.-Klasse-Wagen Bpmz 806. Die Wagen lehnen sich in Konstruktion und Aussehen an die Mittelwagen des ICE 1 an. Von jedem Typ wurden 44 Fahrzeuge geliefert, sodass 44 Halbzüge gebildet werden können. Die 1.-Klasse-Wagen Apmz 805 teilen sich in die beiden Unterbauarten .0 und .3 auf. Bei den 2.-Klasse-Wagen gibt es die Unterbaureihen .0 mit Kleinkindabteil, Rollstuhlplatz und Handynutzung sowie .3 und .6 ohne diese Einrichtungen. Am Bau beteiligt waren u. a. DWA (Bauart Apmz 805.0), Siemens/Adtranz (Bauart Apmz 805.3) sowie DUEWAG und LHB (Bauart Bpmz 806).

Für die zweite Generation wurden die luftgefederten Drehgestelle der Bauart SGP 400 entwickelt. Sie sind mit einer Scheibenbremse ausgestattet. Zusätzlich hat ein Drehgestell eines Wagens eine Magnetschienenbremse. Wagenkasten und Bodenplatte in Aluminium-Integralbauweise sind aus einzelnen Baugruppen zusammengeschweißt.

In den Großräumen stehen die gepolsterten, verstellbaren Doppel- und Einzelsitze teilweise in Reihe, teilweise vis-à-vis mit Tischen. Jeder Wagen hat an einem Ende zwei geschlossene WC-Systeme. Das Kleinkindabteil der Bpmz 806.0 bietet außer Spiel- und Sitzbereich einen Kinderwagenabstellplatz und eine Krabbelfläche.

Die Stromversorgung erfolgt über die Zugsammelschiene und den Energieversorgungsblock (EVB). In der 1. Klasse ergänzen Leseleuchten die Hauptbeleuchtung.

TECHNISCHE DATEN

- Länge ü. Kupplung: 26.400 mm
- Wagenbreite: 3.020 mm
- Wagenhöhe: 3.856 mm
- Dienstmasse
Apmz 805: 46.500 kg
Bpmz 806: 47.000 kg
- Drehgestelle: SGP 400
- Höchstgeschwindigkeit: 280 km/h
- Bremse: <R> KE-R-mg (D)
- Großräume: 1
- Sitzplätze
Apmz 805: 54
Bpmz 806: 73
- Heizung: Klimae
- Erstes Baujahr: 1996

Äußerlich unterscheiden sich die 2.-Klasse-Wagen der ICE 2 nicht von den 1- Klasse-Wagen. Nur die Ziffern im Fensterband weisen auf die Klasse hin (806 332-3, München Hbf., 9. März 2016).

WSmz 807

ICE-2-Servicewagen

TECHNISCHE DATEN
Länge ü. Kupplung: 26.400 mm
Wagenbreite: 3.020 mm
Wagenhöhe: 3.856 mm
Dienstmasse: 52.000 kg
Drehgestellbauart: SGP 400
Höchstgeschwindigkeit: 280 km/h
Bremse: <R> KE-R-mg (D)
Großräume: 1
Sitzplätze Speiseraum: 24
Heizung: Klimae
Erstes Baujahr: 1997

Wegen des Halbzugkonzepts genügte beim ICE 2 ein kleinerer Speiseraum, sodass der Service- und der Restaurantbereich in einem Wagen zusammengefasst werden konnten. Zudem haben die WSmz 807 ein Zugbegleiterabteil und ein behindertengerechtes WC. Ab 1997 lieferte LHB die 44 Wagen an die Deutsche Bahn.

Über zwei Ladetüren werden die Vorräte ergänzt. Die Fahrgäste können durch zwei Schiebetüren am Wagenende 1 einsteigen.

Die Sitze in den vier offenen Abteilen des Restaurants sind 2+1 aufgeteilt. An den Seitenwänden montierte Tischlampen beleuchten die hölzernen Tische. Der Fußboden ist mit Teppich ausgelegt. Richtung Küche schließt sich ein kleiner Bistro-Bereich mit Stehplätzen und Abstellmöglichkeiten für Gläser und Geschirr an. Die Küche ist mit Spülmaschine, Kaffeemaschine, Schränken, einer Thekenanlage, einer Kühlanlage und Stellplätzen für Essenscontainer ausgestattet. Das Zugführerabteil enthält eine Sitzbank sowie die Sprechstelle und die Steuereinrichtung des Fahrgastinformationssystems (FIS). Ein Abfallbehälter und ein Notarztkoffer sind ebenfalls vorhanden.

Im Restaurant können die Gäste an Zwei- oder Vierplatz-Tischen speisen.

Im Gegensatz zu den ICE-1-Speisewagen sind diese im ICE 2 nicht höher. In den Wagen gibt es einen Restaurant- und einen Servicebereich (807 029-4, München Hbf., 9. März 2016).

Bpmzf 808

ICE-2-Steuerwagen

Weil bei den ICE-2-Zügen ein Triebkopf zur Beförderung der Züge ausreicht, wurden die Endwagen als Steuerwagen ausgeführt (808 024-4, Köln-Deutz).

Für die als Halbzüge verkehrenden ICE-2-Züge reicht ein Triebkopf aus. Deshalb begnügte man sich am anderen Zugende mit einem antriebslosen Steuerwagen. Die Bpmzf 808 sind im Gegensatz zu den ICE-Mittelwagen eine Neukonstruktion. 45 Exemplare wurden von Siemens/Adtranz geliefert.

Die Drehgestelle sind mit Sandstreueinrichtungen, LZB-Antennen und einem Indusi-Magneten am Drehgestell unter dem Führerstand ausgestattet. Eine Gleitschutzanlage überwacht die Drehzahl der Räder.

Die Schränke mit den Schalt- und Regelelementen sind im Maschinenraum zwischen Einstiegs- und Führerraum untergebracht. Hier liegt für den Notfall eine Übergangskupplung zum Abschleppen bereit. Der Führerstand entspricht dem des Triebkopfes. Er enthält alle erforderlichen Einrichtungen, z. B. Zugsteuergeräte (ZSG), Linienzugbeeinflussung (LZB), Zugbahnfunk (ZBF), automatische Fahr- und Bremssteuerung (AFB, HSM) und einen Diagnose-Rechner (DAVID). Zum Fahrgastinformationssystem (FIS) gehören u. a. Zuglaufanzeigen und Lautsprecher. Die elektrische Einrichtung wurde gegenüber den Mittelwagen um zwei Hilfswechselrichter erweitert. Der Führerstand ist wie der gesamte Wagen voll klimatisiert, allerdings über ein eigenes Klimagerät. Das Stirnfenster wird zusätzlich beheizt. Auch die Schaltschränke im Maschinenraum werden separat belüftet.

TECHNISCHE DATEN
Länge ü. Kupplung: 26.400 mm [1]
Wagenbreite: 3.020 mm
Wagenhöhe: 3.856 mm
Dienstmasse: 49.000 kg
Drehgestelle: SGP 400
Höchstgeschwindigkeit: 280 km/h
Bremse: <R> KE-R-mg (D)
Großräume: 1
Sitzplätze: 52
Heizung: Klimae
Erstes Baujahr: 1997
[1] 26.560 mm über Bugklappen

Zum Kuppeln von zwei ICE-2-Halbzügen lassen sich die Bugklappen, hinter denen sich eine automatische Mittelpufferkupplung befindet, öffnen (808 042-6, München Hbf., 9. März 2016).

Bvmkz 856, Apmz 857

Wagen des ehem. Touristik-Express

Der Bvmkz 856.1 mit der Nummer 61 80 84-90 910-9 entstand 1996 aus einem Avmz 107 für den Touristik-Zug 2. Später wurden er in den normalen Reisezugdienst übernommen (Essen Hbf., 19. April 2015).

TECHNISCHE DATEN

Länge ü. Puffer: 26.400 mm
Wagenbreite: 2.825 mm
Wagenhöhe: 4.050 mm
Dienstmasse
Bvmkz 856: 55.000 kg
Apmz 857: 48.000 kg
Drehgestelle
Bvmkz 856: Fiat Y 0270 S
Apmz 857: MD 52
Höchstgeschwindigkeit:
200 km/h
Bremse:
<R> KE-GPR-Mg (D) ep
Sitzplätze
Bvmkz 856: 42 (in Abteilen)
Apmz 857: 51 (im Großraum)
Heizung: Klimae
Erstes Umbaujahr: 1995

Mitte der 1990er-Jahre nahm die DB zwei Touristik-Express-Züge in Betrieb, mit denen sie Urlauber schnell und bequem ans Ziel bringen konnte. Für den ersten Zug wurden überwiegend die abgestellten Wagen des Lufthansa-Airport-Express (LAE) verwendet. Für den zweiten Zug griff man auf reguläre Reisezugwagen zurück und passte sie an den neuen Einsatz an. Als Ausgangsfahrzeuge wurden Wagen der Bauarten Avmz 107 und Bpmz 293 verwendet. Dazu kamen noch zwei Speisewagen Bauart WRmz 137 und zwei Gepäckwagen Bauart Dms 905.

Während der Innenraum der LAE-Wagen nur aufgearbeitet wurde, bekamen die anderen Wagen eine neue Einrichtung und die Bvmkz 856 eine Galley, in der Vorräte aufbewahrt werden können. Zudem sind hier Steamer, Kaffee- und Geschirrspülmaschinen untergebracht. Auch in den Großraumwagen Apmz 857 ist diese Galley zu finden. Die Sitze haben blaue Schalen und mit grauem Leder bezogene Polster. Ein Abteil ist mit Gepäck-Regalen ausgestattet.

Nach dem Ende der Touristik-Züge verloren die Wagen ihren blau-grün-gelben Sonderanstrich und werden nun als weiße IC-/EC-Wagen als Reservefahrzeuge in planmäßigen Zügen eingesetzt. Die Speise- und Gepäckwagen sind nicht mehr im Bestand.

Beim Apmz 857 mit der Nummer 73 80 84-90 906-3 diente ein Bpmz 296 aus dem Lufthansa-Airport-Express als Ausgangswagen. Für den Einsatz im „Berlin-Warschau-Express" bekam der Wagen einen blauen Streifen und passende Aufschriften.

BDcm 874

Liegewagen mit Gepäckabteil

Die Bauart BDcm 874 hat sechs geschlossene Abteile mit Liegeplätzen, einen Gepäck- und einen Lagerraum. Die Aufnahme zeigt den BDcm 874, 61 85 82-90 414-9, am 15. Juni 2015 in Dresden Hbf.

Für City-Night-Line (CNL) baute das Werk Halberstadt im Jahr 2003 15 Liegewagen Bocmh 246 in Halbgepäck-Liegewagen BDcm 874 um. Sie wurden von CNL benötigt, um die eingesetzten Gepäckwagen der Bauart Dms 906 ablösen zu können. Die Wagen lehnen sich in ihrer Grundkonstruktion an die Fahrradtransportwagen Bduu 497 an, die kurz zuvor in Halberstadt gebaut wurden. Die Wagen sind in der Schweiz gemeldet und tragen deshalb die Länderkennung „85".

Beim Umbau wurden die Drehgestelle der Bauart Minden-Deutz 36 von den Spenderwagen übernommen. Diese habe zwar eine ep-Scheibenbremse mit Notbremsüberbrückung, aber keine Magnetschienenbremse.

Der Innenbereich teilt sich in sechs Fahrgastabteile mit je sechs Plätzen, einen Begleiterraum, einen Lagerraum und einen Gepäck-/Fahrerraum. Den Reisenden stehen am Wagenende mit den Einstiegstüren zwei Waschräume und ein geschlossenes WC-System zur Verfügung.

Die Wagen bekommen ihre elektrische Energie aus der Zugsammelschiene, die über eine Speicherbatterie die Klimaanlage, Beleuchtung sowie die elektrischen Geräte im Begleiterabteil versorgt.

Die Fahrzeuge sind ausschließlich in Nachtzügen unterwegs und dabei in ganz Deutschland und dem benachbarten Ausland anzutreffen. Dazu gehören der CNL 418 „Pollux", CNL 458 „Canopus", CNL 470 „Sirius" und CNL 478 „Komet".

TECHNISCHE DATEN

- Länge ü. Puffer: 26.400 mm
- Wagenbreite: 2.825 mm
- Wagenhöhe: 4.050 mm
- Dienstmasse: 44.000 kg
- Drehgestelle: MD 36
- Höchstgeschwindigkeit: 200 km/h
- Bremse: <R> KE-GPR (D)
- Anzahl der Abteile: 6
- Sitz-/Liegeplätze: 36
- Heizung: Klimae
- Erstes Baujahr: 2003

In ihrer Grundkonstruktion ähneln die Wagen den Fahrradtransportwagen Bduu 497 der DB. Auch sie haben große Schiebetüren in der Mitte des Laderaums (BDcm 874, Nummer61 85 82-90 409-9).

Bpm 875

Ruhesesselwagen

Die Ruhesesselwagen der Bauart Bpm 875 sind zwar bei den Schweizerischen Bundesbahnen SBB eingestellt, werden aber von der DB eingesetzt (Bpm 875, 61 85 29-90 508-4, Dresden).

TECHNISCHE DATEN
Länge ü. Puffer: 26.400 mm
Wagenbreite: 2.825 mm
Wagenhöhe: 4.050 mm
Dienstmasse: 45.000 kg
Drehgestelle: MD 36
Höchstgeschwindigkeit: 200 km/h
Bremse: <R> KE-R-mg (D) ep
Ruhesesselplätze: 62
Heizung: Klimae
Erstes Baujahr: 1995

Mit den Ruhesesselwagen Bpm 875 bietet CityNightLine eine preiswerte Alternative zu den Schlafwagen in ihren Nachtzügen an. 1993 bekam Schindler Waggon in der Schweiz den Auftrag, 29 Ruhesesselwagen zu fertigen. Die Fahrzeuge sind keine Neubauten, sondern man griff auf vorhandene Liegewagen zurück. Der Wagenkasten wurde verstärkt und mit neuen Fenstern versehen. Man überarbeitete die elektrischen Einrichtungen und Laufwerke, zudem wurden eine Klimaanlage und geschlossene WC-Systeme installiert.

Die Wagen laufen auf scheibengebremsten Drehgestellen der Bauart Minden-Deutz 36. Das Untergestell besteht aus Stahlprofilträgern und Stahlblechen. Die Kastenstruktur wurde weitgehend vom Spenderfahrzeug übernommen. In der Mitte des Daches wurde ein Raum zur Aufnahme des Klimagerätes eingeplant.

Im Fahrgastraum sind 62 Ruhesessel mit besonders hohen, verstellbaren Rückenlehnen, sodass jeder Fahrgast einen möglichst abgeschiedenen Schlafplatz vorfindet. Das Gepäck kann in zwei hohen Regalen, den Ablagen über den Fenstern und in den vier Fächern an den Wänden zu den Vorräumen verstaut werden. Im Serviceabteil ist eine Kühlanlage, die zwei fahrbare Trolleys und sechs tragbare Behälter aufnehmen kann.

Die Wagen erhalten ihre elektrische Energie aus der Zugsammelschiene. Ein Umrichter wandelt die Spannung um.

Der ursprünglich blaue Anstrich der CNL-Wagen wurde inzwischen durch den Anstrich der Nachtzüge mit weißem Wagenkasten und rotem Fensterband abgelöst (Bpm 875, Nummer 61 85 29-94 528-8, Berlin-Lichtenberg).

DDm 915

Doppelstock-Autotransportwagen

Die Reisezugwagen-Drehgestelle mit Scheibenbremsen und Magnetschienenbremsen ermöglichen den Autotransportwagen eine Höchstgeschwindigkeit von 160 km/h (DDm 915, 51 80 98-80 064-3, Kornwestheim Pbf.).

Für die Beförderung von Pkw in Reisezügen beschaffte die DB Ende der 1960er-Jahre 165 Autotransportwagen, deren Laufwerk sich an die Bauart der Reisezugwagen anlehnte. Bedingt durch die wachsenden Geschwindigkeiten im Reisezugverkehr musste diese Ausführung entwickelt werden. Geliefert wurden sie von der Waggonfabrik Graaff in Elze und der Waggonfabrik Uerdingen.

Die DDm 915 laufen auf Drehgestellen der Bauart MD 44 leicht mit Radscheibenbremsen. Einige Wagen sind mit einer Magnetschienenbremse ausgestattet, die übrigen sind für deren Einbau vorbereitet. Alle Fahrzeuge sind für eine Höchstgeschwindigkeit von 160 km/h zugelassen. Um den Abstand zwischen der Schienenoberkante und der unteren Ladeebenen möglichst gering zu halten, wurde der Raddurchmesser von 950 mm auf 840 mm verringert.

Die geneigten Fahrbahnen sind mit einem rutschfesten Anstrich versehen und haben Führungsschienen für Radvorleger. Die seitlichen Geländer wurden nachträglich erhöht. Jeweils fünf Pkw können pro Ebene transportiert werden. Die Fahrbahnen haben an den Stirnseiten ungeteilte, bewegliche Überfahrbrücken. In abgesenkter Stellung stoßen die Überfahrbrücken zusammen und bilden somit eine durchgehende Fahrbahn. Die Wagen sind mit Heizleitungen und 12-poligen Durchgangsleitungen ausgestattet, so können sie auch zwischen Zuglok und den nachfolgenden Reisezugwagen eingereiht werden.

TECHNISCHE DATEN
Länge ü. Puffer: 26.400 mm
Wagenbreite: 2.825 mm
Wagenhöhe: 3.250 mm
Dienstmasse: 27.700 kg
Drehgestelle: MD 44
Höchstgeschwindigkeit: 160 km/h
Bremse: <R> KE-GPR-A-Mg (D)
Erstes Baujahr: 1969

Weil die Ladeebenen der Wagen nicht verschoben werden können, müssen die Pkw über feste oder fahrbare Rampen auf- und abfahren (DDm 915, Nummer 51 80 98-80 105-4, Berlin-Wannsee).

Eanos-x 052, Eanos-x 055

Offener Güterwagen der AAE

Die Eanos-x 055 entsprechen weitgehend den Eanos-x 052. Sie gehören der AAE und wurden von der DB nur angemietet (Eanos-x 055, Nummer 31 80 537 7 927-4, 12. Mai 2015).

Nachdem Mitte der 1980er-Jahre die Hauptabmessungen für einen längeren, offen, vierachsigen Wagen festgelegt worden waren, beschaffte die DB die Bauart Eanos(-x) 052. In ihrer Grundkonstruktion entsprechen die ab 1987 gebauten Fahrzeuge den bisher beschafften Vierachsern, allerdings wurde der mittlere Bereich um 1,7 m verlängert.

1997 mietete die DB aus finanztechnischen Gründen über 1.000 vierachsige Hochbordwagen von der Ahaus-Alstätter Eisenbahn (AAE) an und reihte sie als Eanos-x 055 ein.

Die Eanos-x 052 laufen auf Drehgestellen der Bauart 652, die ab 1994 gebauten Wagen haben Drehgestelle der Bauart 628 (Y25 Lsd 1). Die Drehgestelle der Eanos-x 055 gehören zur Bauart 626 (Y25 Lss) mit geschweißten Blechrahmen aus U-Profilen. Die rollengelagerten Vollradsätze werden durch Schraubenfedern abgefedert. Die normale Schraubenkupplung ist gegen eine automatische Mittelpufferkupplung austauschbar. Die Knorr-Klotzbremse mit automatischer Lastabbremsung erlaubt den unbeladenen Wagen eine Höchstgeschwindigkeit von 120 km/h. Ergänzt wird sie durch eine seitenbedienbare Feststellbremse. Eine geschweißte Rahmenkonstruktion bildet das Untergestell. An einer Seite ist eine Übergangsbühne angebracht.

Der Wagenkasten setzt sich aus senkrechten Rungen und einem durchlaufenden Obergurt zusammen. Die Wandsegmente sind unten mit verstärkten Blechen verkleidet. An den Längsseiten stehen je zwei zweiflügelige Türen zur Verfügung.

TECHNISCHE DATEN

Länge ü. Puffer:	15.740 mm, 15.990 mm
Drehzapfenabstand:	10.700 mm
Ladelänge:	14.492 mm
Ladefläche:	39,4 m²
Laderaum:	82,5 m³
Lastgrenze DS:	65.500 kg
Eigenmasse:	ca. 24.800 kg
Drehgestelle	Eanos-x 052: 652, 628 (Y25 Lsd 1) Eanos-x 055: 626 (Y25 Lss)
Bremse	Eanos-x 052: KE-GP Eanos-x 055: Ch-GP-A
Erstes Baujahr:	Eanos-x 052: 1987 Eanos-x 055: 1997

Die Eanos-x 052 entsprechen der von der UIC festgelegten längeren Variante offener Hochbordwagen (Eanos-x, Nummer 31 80 537 6 264-3, Fellbach, 13. Februar 2015).

Eaos-x 057, Eas 066

Offener Umbauwagen

Die Umbauwagen Eaos-x 057 unterscheiden sich u. a. durch den Stahlfußboden und die festgelegten Stirnklappen von den Spenderwagen Eas 066 (Eaos-x 057, 31 80 540 0 151-2, Wismar, 15. Mai 2015).

Mit den Eas 066 beschaffte die DR der DDR ab 1981 ihre ersten Wagen mit den Hauptabmessungen nach UIC-Vorgaben. Die Eaos-x 057 entstanden ab 1999 u. a. durch den Austausch des Holzbodens der Eas 066 gegen einen aus Stahl.

Beide hier vorgestellten Bauarten laufen auf Drehgestellen Y25 Cs 2 oder Y25 Rs. Im Blechrahmen aus U-Profilen werden Vollradsätze in Rollenlagern geführt. Die Schraubenfedersätze sind außer den Radsätzen angeordnet. Die Knorr-Bremsanlage wirkt mit einem Bremszylinder, einer zweistufigen, mechanischen Lastabbremsung und Doppelbremsklötzen auf die Laufflächen der Räder. Auf Stirnbühnen wurde verzichtet, weil die Feststellbremse vom Boden aus bedient wird.

Das geschweißte Untergestell besteht aus unterschiedlichen Blechen und Stahlprofilen. Am geschweißten Wagenkasten mit durchlaufendem Oberrahmen können nur noch die zweiflügeligen Ladetüren an den Längsseiten geöffnet werden. Die Kopfklappen der Ursprungswagen wurden festgelegt. Seiten-, Tür- und Eckrungen stabilisieren den Aufbau.

Während die Eas 066 inzwischen nahezu völlig aus dem Bestand ausgeschieden sind, sind von den Eaos-x 057 noch knapp 1.500 Wagen im Einsatz. Neben brauen Wagen gibt es auch verkehrsrote Eaos-x 057.

TECHNISCHE DATEN
Länge ü. Puffer: 14.040 mm
Drehzapfenabstand: 9.000 mm
Ladelänge: 12.790 mm
Ladefläche: 35,3 m²
Laderaum: 72,0 m³
Lastgrenze CS: 58.000 kg
Eigenmasse: 22.000 kg
Drehgestelle: 839, 859 (Y25 Cs2) 867, 871 (Y25 Rs)
Bremse: KE-GP
Erstes Baujahr Eas 066: 1981 Eaos-x 057: 1999

Die Eas 066 sind eine Neukonstruktion der DR der DDR, wurden in Frankreich produziert und entsprechen den Vorgaben der UIC (Eas 066, Nummer 31 80 594 9 740-0, Stuttgart-Untertürkheim, 26. September 2014).

Ealos-t 058

Offener Holztransportwagen

TECHNISCHE DATEN
Länge ü. Puffer: 14.040 mm
Drehzapfenabstand: 9.000 mm
Ladelänge: 12.800 mm
Ladefläche: 35,3 m²
Laderaum: 72,0 m³
Lastgrenze CS: 54.500 kg
Eigenmasse: ca. 22.500 kg
Drehgestelle: 859 (Y25 Cs2)
Bremse: KE-GP
Erstes Umbaujahr: 1999

Bei der Beförderung kurzer Rundhölzer in offenen vierachsigen Wagen wurden selbst bei vollem Ladevolumen wegen des geringen Eigengewichtes des Holzes die zulässigen Lastgrenzen der Fahrzeuge nicht erreicht. Um das Problem zu beheben, ließ die DB Wagen mit erhöhten Stirnwänden und fest montierten Spanngurten entwickeln. Die Konstruktion basiert auf vorhandenen Eas 066.

Zunächst wurde im Werk Zwickau ein erster Probewagen umgebaut. Es zeigte sich, dass die Bordwände zu hoch ausgefallen waren. Wurde die volle Ladehöhe ausgenutzt, konnten die Stämme nicht mehr zuverlässig gegen seitliches Herunterfallen gesichert werden. Deshalb ging der Wagen zum Hersteller zurück und bekam kleinere Stirnwanderhöhungen. Im Herbst 1999 begann die Serienfertigung und im März 2002 standen 1.061 Ealos-t 058 in Dienst.

Die umgebauten Wagen laufen auf den ursprünglichen Drehgestellen der Bauarten Y25 Cs 2 oder Y25 Rs. Sie bestehen aus einem geschweißten, durch Kopfstücke verstärkten H-Rahmen mit zweistufigen Schraubenfedern. Alle Ealos-t 058 haben eine Druckluft-Klotzbremse der Bauart Knorr KE-GP. Ein Teil ist mit einer Feststellbremse ausgestattet.

Verschweißte Lang-, Quer- und Pufferträger aus verschiedenen Blechen und Profilen bilden das Untergestell, auf dem der Wagenkasten steht. Er besteht aus senkrechten Rungen, die durch einen Obergurt miteinander verbunden sind. Die zweiflügeligen Drehtüren der Spenderwagen blieben erhalten. Als Fußboden wurden Holzbohlen verwendet. Die Stirnwandklappen sind festgelegt. An den äußeren Langträgern wurden zwölf Spanngurte montiert, um die Ladung zu sichern. Tritte, Griffe, Seilhaken und Signalstützen entsprechen den internationalen Vorgaben.

Mit zwölf am Wagen befestigten Niederbindeeinrichtungen kann das Rundholz gegen Verrutschen und Herabfallen gesichert werden. Als Schlusswagen eines Güterzugs ist der Ealos-t 058, 31 80 593 1 774-9, eingestellt.

Eaos-x 075

Offener Umbauwagen

Die offenen Wagen der Bauart Eaos-x 075 entstanden ab 2003 durch Umbau aus Eaos 106. Der Eaos-x 075, 31 80 536 0 637-9, wartet in Altbach auf einen neuen Einsatz.

Die ab Ende der 1970er-Jahre gebauten offenen Güterwagen der Bauart Eaos 106 waren nach einer Einsatzzeit von 25 bis 30 Jahren so weit abgenutzt, dass sie ersetzt oder überholt werden mussten. Weil die Grundsubstanz der Fahrzeuge aber noch gut genug erhalten war, entschloss sich die DB AG 2003 zu einer Aufarbeitung. Den Auftrag für den Umbau erhielt das Werk Eberswalde. Allerdings wurden nur die notwendigsten Arbeiten durchgeführt, also nur beschädigte und nicht mehr brauchbare Teile repariert oder ausgetauscht. Auffälligster Unterschied zwischen den alten und den neuen Wagen ist, dass auf jeder Längsseite eine Ladetür entfernt wurde.

Die umgebauten Wagen laufen weiterhin auf den Drehgestellen der Spenderfahrzeuge. Der H-förmige Rahmen mit Kopfstücken bildet das Hauptbauteil der Konstruktion. Der Aufbau liegt über eine vollständige Drehpfanne auf dem Drehgestell auf. Die Knorr-Druckluft-Klotzbremse Bauart KE-GP hat einen im Untergestell montierten Bremszylinder. Ein Teil der Wagen hat eine Feststellbremse.

Das geschweißte Untergestell besteht aus unterschiedlichen Stahlprofilen und -blechen. Seiten und Stirnrungen bilden das Kastengerippe. Der durchlaufende Obergurt gibt der Konstruktion Stabilität. Auf jeder Längsseite ist eine zweiflügelige Drehtür vorhanden. Ein Stahlfußboden ersetzt den ursprünglichen Eichenholzfußboden. Signalhalter, Trittstufen und Handgriffe für das Rangierpersonal und Zettelkästen vervollständigen die Ausstattung der Fahrzeuge.

Die Wagen wurden nach Ihrem Umbau mit verkehrsrotem Wagenkasten abgeliefert. Das Untergestell und das Laufwerk sind schwarz.

TECHNISCHE DATEN
Länge ü. Puffer: 14.040 mm, 14.290 mm [1]
Drehzapfenabstand: 9.000 mm
Ladelänge: 12.792 mm
Ladefläche: 35,3 m^2
Laderaum: 71,3 m^3
Lastgrenze CS: 57.500 kg
Eigenmasse: ca. 22.300 kg
Drehgestelle: 621 (Y25 Cs)
Bremse: KE-GP
Erstes Umbaujahr: 2003
[1] mit Feststellbremse

Noch mit dem alten „Railion"-Schriftzug steht der schon arg mitgenommene Eaos-x 075 mit der Nummer 31 80 536 0 248-4 am 19. August 2016 in Böblingen.

Fcs 092

Zweiachsiger Selbstentladewagen

TECHNISCHE DATEN

Länge ü. Puffer: 9.640 mm
Radsatzstand: 6.000 mm
Ladelänge: 8.800 mm
Laderaum: 40,0 m³
Lastgrenze CS: 28.000 kg
Eigenmasse: 11.900 kg
Bremse: KE-GP
Erstes Baujahr: 1991

Ab 1961 baute das AW Paderborn auf Untergestellen von offenen Hochbordwagen Omm 37 (E 031) die Selbstentladewagen Fc 090. Wegen des fehlenden Lastwechsels war die Höchstgeschwindigkeit auf 80 km/h begrenzt. Die Wagen erfüllten Ende der 1980er-Jahre nicht mehr die Anforderungen der Zeit. Weil sie aber noch in gutem Zustand waren, baute das Raw Zwickau ab 1991 in 3.900 Fahrzeuge einen G-P-Wechsel ein, mit dem sich die Höchstgeschwindigkeit auf 120 km/h (unbeladen), bzw 100 km/h (beladen) anheben ließ und bezeichnete sie als Fcs 092.

Die Wagen laufen auf rollengelagerten Radsätzen mit Monobloc-Rädern und achtlagigen Blatttragfedern. Die Zugvorrichtung ist mit einer normalen Schraubenkupplung und Zughaken ausgestattet. Ein Teil der Fahrzeuge ist für den Einbau einer automatischen Mittelpufferkupplung vorbereitet.

An einer Stirnseite haben sie eine Entladebühne, von der aus die Rundschieber an den Entladungsöffnungen gesteuert werden. Der Kasten bildet einen trichterförmigen Laderaum, der durch einen Quersattel in zwei Ladekammern unterteilt ist. Der obere Teil des Kastens ist nach innen eingezogen, damit das Umgrenzungsprofil optimal ausgenutzt werden kann. Auslaufrutschen und Gleitbodenverlängerungen erlauben das Entladen auf Förderbänder neben dem Gleis.

Etwa 800 Wagen werden nur zur Beförderung von Kohle verwendet und als Fcs-x 092 bezeichnet. Die Fcs 092 werden sowohl im freien Verkehr, als auch im Dienstverkehr, z. B. bei Gleisbauarbeiten eingesetzt.

Die hier vorgestellten Fahrzeuge waren die ersten von der Bundesbahn beschafften Selbstentladewagen mit einem Achsstand von 6.000 mm (Fcs 092, 21 80 646 0 004-0, Böblingen, 14. August 2016).

Falns 121

Vierachsiger Selbstentladewagen

Ende der 1980er-Jahre hatten viele vierachsige Selbstentladewagen der DB das Ende ihrer Nutzungszeit erreicht und mussten ersetzt werden. Weil durch den Betrieb der vorhandenen Wagen Erfahrungen gesammelt und neue Forderungen gestellt wurden, entschloss sich die DB zu einer Neukonstruktion. Zunächst wurden fünf unterschiedliche Prototypen beschafft und ein Jahr lang ausführlichen Tests unterzogen.

Ab 1994 begann dann die Serienfertigung der Falns 121, bei der ABB Henschel und der Waggonbau Dessau über 1.500 Wagen lieferten.

Die Serienwagen laufen auf Drehgestellen der Bauart 645. Sie besteht aus einem geschweißten Profileisen-Blechrahmen. Bei den Wagen mit hydraulischer Klappensteuerung sind an den Drehgestellen Hydraulikpumpen angebracht, die über eine elastische Kupplung durch die Radsätze angetrieben werden. Die Knorr-Druckluftklotzbremse Bauart KE-GP hat eine zweistufige pneumatische Lastabbremsung. Bei den Falns 121.2 ist eine vereinfachte automatische Lastabbremsung vorhanden.

Das Untergestell besteht aus Stahlprofilen verschiedener Qualitäten und ist in Segmentbauweise zusammengeschweißt. Die äußeren Langträger des Fachwerkträger-Untergestells liegen am unteren Ende der Entladeklappen, der mittlere befindet sich weiter oben, sodass der Wagenboden sattelförmig ausgeführt ist. Der Aufbau nach Fahrzeugbegrenzung EBO G2 setzt sich aus Abkant- und Hohlprofilen zusammen. Das Öffnen und Schließen der oben aufgehängten Entladeklappen übernehmen Daumenwellenverschlüsse. Die Abdichtung erfolgt durch schneidende Dichtungen. Außer der hydraulischen Betätigung der Klappen ist auch eine manuelle Notbetätigung von der Übergangsbühne aus möglich.

Die Zeichen auf den Klappen des Falns 121, 82 80 664 5 893-1, haben folgende Bedeutung:

- weißer Kreis = Radsatzlast über 22.500 kg,
- weißer Punkt = für 4.000-t-Züge geeignet,
- H = Hydraulische Klappenbetätigung.

TECHNISCHE DATEN
Länge ü. Puffer: 13.040 mm
Drehzapfenabstand: 7.700 mm
Ladelänge: 12.120 mm
Laderaum: 90,0 m³
Lastgrenze D4S: 65.500 kg
Eigenmasse: 24.300 kg
Drehgestelle: 645
Bremse: KE-GP
Erstes Baujahr: 1994

Facs 124

Vierachsiger Selbstentladewagen

TECHNISCHE DATEN
Länge ü. Puffer: 19.040 mm
Drehzapfenabstand: 14.000 mm
Ladelänge: 15.300 mm
Laderaum: 70 m^3
Lastgrenze CS: 56.000 kg
Eigenmasse: ca. 24.000 kg
Drehgestelle: 839 (Y25 Cs)
Bremse: KE-GP
Erstes Baujahr: 1978

Das immer weiter steigende Transportaufkommen an witterungsunempfindlichen Schüttgütern veranlasste die DR der DDR in der zweiten Hälfte der 1970er-Jahre zur Beschaffung vierachsiger Selbstentladewagen. Die Fahrzeuge entsprechen in Aufbau und Funktionsweise der zweiachsigen Ausführung, allerdings können darin leichte Schüttgüter effizienter befördert werden, weil ein vierachsiger Wagen einen geringeren Unterhaltungsaufwand verursacht als zwei zweiachsige Wagen, welche die gleiche Menge Ladegut befördern können.

Die DR erteilte den Auftrag an die Waggonfabrik ANF Industrie in Frankreich, die zwischen 1978 und 1980 nach einem ersten Probewagen 1.450 Serienfahrzeuge lieferte.

Die Wagen laufen auf ebenfalls in Frankreich entwickelten Drehgestellen der Bauart Y25 Cs. Sie bestehen aus einem geschweißten Hauptrahmen in H-Form mit Kopfstücken. Der Wagenkasten liegt in einer vollständigen Drehpfanne und auf seitlichen Gleitstücken auf. Die durchgehende Druckluft-Klotzbremse der Bauart KE-GP hat nur einen Bremszylinder und eine zweistufige, mechanische Lastabbremsung.

Das Untergestell ist eine Schweißkonstruktion aus Stahlprofilen und abgekanteten Blechen. Über den Pufferträgern ist es beblecht und bildet so zwei Endbühnen. Der Wagenkasten aus korrosionsbeständigem Stahl hat vier Trichter, die unten in einer separaten Auslassöffnung enden.

Acht Wölbschieber verschließen die Auslassöffnungen. Sie werden über Gestänge und Stellhebel von den Stirnbühnen aus manuell bewegt und können in Abstufungen von 25 mm arretiert werden, sodass eine dosierte Entladung möglich ist. Unter den Schiebern sind kurze, feste Auslaufrutschen, die durch klappbare Rutschen verlängert werden können. Die Bedienung der Verlängerungen erfolgt einzeln durch Stellhebel.

Die vier Entladeöffnungen auf jeder Längsseite werden durch Wölbschieber verschlossen und über Gestänge von den Stirnseiten aus bedient (Facs 124, 31 80 694 0 402-4, Stuttgart-Bad Cannstatt).

Fas 126, Fans 128

Zweiseiten-Kastenkipper

Mit zwei Hubzylindern auf jeder Wagenseite kann der Kasten in beide Richtungen angehoben und das Ladegut auf beiden Längsseiten entleert werden (Fas 126, 82 80 673 4 039-2).

Die Zweiseiten-Kastenkipper Fans 128 entstanden auf Anfrage der Gleisbaufirma Wiebe, die die Fahrzeuge für ihre Bauprojekte einsetzen wollte. Das Forschungs- und Entwicklungswerk (FEW) in Blankenburg entwickelte daraufhin unterschiedliche Ausführungen mit pneumatischer Kippeinrichtung. Zuerst entstand ein Prototyp mit zwei Mulden, dann ein weiterer mit einer Mulde. Er diente als Grundlage für die Serienwagen, die auch von der DB beschafft und als Fas 126 eingereiht wurden. Die guten Erfahrungen mit den Fas 126 ermutigten die DB zur Folgebauart Fans 128. Auch hier war das FEW federführend bei der Entwicklung und dem Bau der insgesamt 700 Wagen.

Als Drehgestelle wurden solche der Bauart Y25 Lsd 1 mit einer Radsatzlast von 22,5 t und Doppelbremsklötzen verwendet.

Die Mulden können um 45° gekippt werden. Die Seitenklappen drehen sich dabei um die Ober- oder die Unterkante nach außen. So kann die Kippentfernung geregelt werden. Hydraulikzylinder dienen zum Anheben der auf vier Lagerböcken aufsitzenden Mulden.

Die Wagen werden überwiegend im internen Verkehr zur Beförderung von Bauschutt und Gleisschotter eingesetzt.

TECHNISCHE DATEN (126)
Länge ü. Puffer: 12.550 mm
Drehzapfenabstand: 7.700 mm
Ladelänge: 10.190 mm
Laderaum: 40 m³
Lastgrenze D4S: 58.500 kg
Eigenmasse: 31.000 kg
Drehgestelle: 628 (Y25 Lsd1)
Bremse: KE-GP
Erstes Baujahr: 1994

TECHNISCHE DATEN (128)
Länge ü. Puffer: 11.600 mm
Drehzapfenabstand: 6.560 mm
Ladelänge: 2 x 4.500 mm
Laderaum: 2 x 18 m³
Lastgrenze D4S: 60.500 kg
Eigenmasse: 29.300 kg
Drehgestelle: 629 (Y25 Lsd 1)
Bremse: KE-GP-A
Erstes Baujahr: 1996

Die vierachsigen Kastenkipper der Bauart Fans 128 haben zwei Lademulden, die sich mit einem Hydraulikantrieb getrennt heben und senken lassen (Fans 128, 31 80 677 0 516-6, Stuttgart-Untertürkheim, 11. März 2014).

Facns 133

Vierachsiger Selbstentladewagen

TECHNISCHE DATEN
Länge ü. Puffer: 16.000 mm
Drehzapfenabstand: 10.960 mm
Ladelänge: 11.030 mm
Laderaum: 55 m³
Lastgrenze DS: 68.000 kg
Eigenmasse: 22.000 kg
Drehgestelle: 628 (Y25 Lsd 1)
Bremse: KE-GP
Erstes Baujahr: 1994

Die vierachsigen Schüttgutwagen Facns 133 sind eine Weiterentwicklung der Facs 124. Sie lösten ältere zweiachsige und damit auch langsamere Schüttgutwagen ab. Der erste Wagen wurde im November 1994 von Linke-Hofmann-Busch (LHB) in Salzgitter ausgeliefert. Bis Januar 1996 war die komplette erste Serie von 600 noch braun lackierten Fahrzeugen gefertigt. Eine weitere Lieferung kam zwischen 1994 und 1996 zur DB. Das Werk Leipzig-Engelsdorf fertigte 400 verkehrsrote Wagen. Damit beläuft sich der Gesamtbestand auf 1.000 Facns 133.

Die Wagen laufen auf zwei Drehgestellen der Bauart 628 (Y25 Lsd 1). Die Bremse der Bauart KE-GP hat einen Bremszylinder. Das Mittenbremsgestänge wirkt auf beide Drehgestelle. Ein Fünftel der Fahrzeuge besitzt eine Feststellbremse. Das Untergestell ist eine Schweißkonstruktion, die sich aus den Baugruppen Außenlangträger, Hauptquerträger, Querträger, AK-Träger und dem Auslauftrichter zusammensetzt.

Der Wagenkasten besteht aus den Stirn- und Seitenwänden, dem Quersattel sowie den Stirnwand- und Seitenwandstützen. Um eine Verformung im oberen und mittleren Bereich des Wagens zu vermeiden, dient ein umlaufendes Hohlprofil als Verstärkung. Eine Aussteifung des Wagenkasten erfolgt über Stützen im Inneren des Laderaums. Zur Kontrolle des Ladeguts während und nach dem Beladen ist auf einer Stirnseite des Wagens mittig eine feste Leiter angebracht.

Zur Entleerung besitzen die Wagen drei Rundschieber, die über Wellen und Hebel von einer Entladebühne auf einer Stirnseite des Wagens aus betätigt werden. Jede Entladeluke lässt sich einzeln öffnen und in beliebiger Stellung festlegen. Dadurch ist eine dosierte Entleerung auf Förderbänder möglich. Durch eine ausschwenkbare Auslaufrutsche ist auch die Entladung direkt in Tiefbunker möglich.

Die vierachsigen Facns 133 haben drei getrennte Laderäume, die einzeln durch Rundschieber nach unten entladen werden können (Facns 133, Nummer 31 80 694 8 704-5, Böblingen, 14. August 2016).

Facs 141

Vierachsiger Kies-Schotterwagen

Zur Erneuerung der Planumskiesschicht ihrer Gleisanlagen beschaffte die Deutsche Bundesbahn 1987 eine Serie von Schotterwagen der Facs 141 (Facs 141, 82 80 664 8 110-6, Stuttgart-Untertürkheim).

Seit den 1980er-Jahren muss bei der Sanierung von Bahnstrecken nicht nur der Oberbau, sondern auch die Planumsschutzschicht erneuert werden. Um diese Arbeiten schnell und effizient durchführen zu können, entschloss sich die Deutsche Bundesbahn zur Beschaffung spezieller Güterwagen zur Bewältigung dieser Aufgabe. Die Waggonbaufirma Talbot in Aachen lieferte 1981 zwei Prototypen und ab 1987 entstand eine Serien von 210 Exemplaren. 1996 verkaufte die DB alle Wagen an die Kirow Ardelt AG in Leipzig und mietete sie ab 1998 an.

Für die Serienwagen wurden Drehgestelle der Bauart 652 gewählt. Die Bremse der Bauart KE-GP hat eine zweistufige, pneumatische und von Hand umzustellende Lastabbremsung.

Das Untergestell besteht aus verschweißten Blechen und Profilen. Es ist an einem Ende um eine Bedienbühne ergänzt. Stegbleche tragen den trichterförmigen Wagenkasten. Zum Entladen haben die Wagen zwei Rüttelrinnen und ein nach beiden Seiten um 180° schwenkbares Förderband. Für den Betrieb der Entladevorrichtung haben die Serienwagen einen 380-V-Drehstrom- und einen 220-V-Wechselstromanschluss.

TECHNISCHE DATEN
Länge ü. Puffer: 15.000 mm
Drehzapfenabstand: 9.960 mm
Ladelänge: 9.200 mm
Laderaum: 40 m³
Lastgrenze DS: 64.500 kg
Eigenmasse: 25.500 kg
Drehgestelle: 652
Bremse: KE-GP
Erstes Baujahr: 1981

Die Entladeeinrichtungen unter dem Wagenboden werden über zwei Tastenfelder bedient. Diese sind von der Bühne an der Stirnseite zu erreichen (Facns 141, 82 80 664 8 178-3, Stuttgart-Bad Cannstatt).

Falrrs 152, Falrrs 153

Sechsachsiger Selbstentladewagen

Die Faals 152 sind eine Weiterentwicklung der Falrrs 153 mit höheren Lastgrenzen und einer erweiterten Bedienungsmöglichkeit der Entladeklappen (Falrrs 152, 81 80 686 1 626-2, 15. April 2015, Neuwied).

Mitte der 1990er-Jahre traten bei den sechsachsigen Faals 150 Schäden auf. Ein Weiterbetrieb schien nicht sinnvoll und die DB AG entwickelte eine Nachfolgebauart. 1998 begann die Serienfertigung der Bauart Faals 151. Weil nicht genügend automatische Kupplungen zur Verfügung standen, verband sie je zwei Wagen durch eine Stangenkupplung und reihte diese als Falrrs 153 ein. 2003 folgte die Bauart Falrrs 152 als Weiterentwicklung.

Die geschweißten, dreiachsigen Drehgestelle bestehen aus unterschiedlichen Profil- und Schmiedeteilen. Um die geforderte hohe Bremsleistung zu gewährleisten, wurden Bremssohlen aus einem Verbundstoff der Becorit GmbH verwendet.

Das Untergestell bildet den sattelförmigen Boden des Kastens. Die Bremse und die Klappenverschlüsse sind mit Konsolen an den Querträgern unter dem Wagenboden befestigt. Die Stirnwände und ein Quersattel tragen den Oberkasten, an dessen Unterkanten die Entladeklappen hängen. Das Öffnen und Schließen der Entladeklappen erfolgt durch hydraulische Daumenwellenverschlüsse.

TECHNISCHE DATEN

Länge ü. Kupplg.: 30.100 mm
Drehzapfenabstand: 2 x 8.000 mm
Ladelänge: 2 x 12.760 mm
Laderaum: 140 m³
Lastgrenze D4S: 141.000 kg
Eigenmasse: 68.200 kg
Drehgestelle: 715, 716
Bremse: KE-GP-A
Erstes Baujahr
Falrrs 152: 2003
Falrrs 153: 2000

Die Doppelwagen Falrrs 153 entstanden durch festes Kuppeln zweier Faals 151 mit einer Kuppelstange (Falrrs 153, 82 80 686 1 005-8).

Fals-x 164, Falns-x 165

Vierachsiger Selbstentladewagen

Mit über 1.100 Stück bildeten die Fals-x 164 die größte Serie dieses Wagentyps bei der Deutschen Reichsbahn der DDR (Fals-x 164, 31 80 665 7 154-1).

TECHNISCHE DATEN (164)
Länge ü. Puffer: 13.500 mm
Drehzapfenabstand: 7.200mm
Ladelänge: 11.954 mm
Laderaum: 75 m³
Lastgrenze CS: 53.500 kg
Eigenmasse: 26.000 kg
Drehgestelle: 851 (Y25 Cs)
Bremse: KE-GP
Erstes Baujahr: 1976

Mit den 1976 beschafften Fals-x 164 stellte die DR ihre vierte und größte Serie von Schüttgutwagen in Dienst. Lieferant der über 1.100 Fahrzeuge war der rumänische Hersteller UV Arad. 1987 folgten 460 Wagen der Bauart Falns-x 165, ebenfalls von Arad. Die Fahrzeuge bauen auf die Fals-x 164 auf. Sie haben einen höheren Oberkasten und einen größeren Laderaum. Die maximale Radsatzlast musste auf 22.500 kg angehoben werden. Deswegen konnten die Wagen nur beschränkt auf den Strecken der Reichsbahn eingesetzt werden.

Die Bauarten laufen auf unterschiedlichen Ausführungen der Y-25-Drehgestelle. Die Druckluftbremse mit mechanischer Lastabbremsung und einfachen Bremsklötzen wird durch eine Feststellbremse ergänzt.

Der feststehende Wagenkasten setzt sich aus den beiden Stirnseiten, einem mittleren Quersattel und dem durchgehenden Oberkasten zusammen. Die unteren Seitenwände bestehen aus vier oben aufgehängten Entladeklappen. Diese Klappen können manuell oder pneumatisch geöffnet und geschlossen werden. Weil die Wagen für die Beförderung von fettiger, nasser Braunkohle vorgesehenen sind, konnten die Kanten der Entladeklappen und der Wagenboden mit Dampf beheizt werden. Die Heizung wurde später ausgebaut. Außerdem bekamen die Wagen eine luftsparende Klappensteuerung, worauf das „x“ hinweist.

TECHNISCHE DATEN (165)
Länge ü. Puffer: 13.500 mm
Drehzapfenabstand: 7.200mm
Ladelänge: 12.000 mm
Laderaum: 83 m³
Lastgrenze CS: 61.500 kg
Eigenmasse: 28.600 kg
Drehgestelle: 868 (Y25 Ls)
Bremse: KE-GP
Erstes Baujahr: 1987

Frisch aufgearbeitet und noch mit Handrad für die Klappensteuerung fährt der Falns-x 165, Nummer 82 80 664 2 383-5, im Herbst 2013 durch Stuttgart-Münster.

Falns 180/182/183

Vierachsiger Selbstentladewagen

Wegen des vergrößerten Oberkastens können die Lastgrenzen der Wagen besser ausgenutzt werden als bei älteren Selbstentladewagen. Die Aufnahme zeigt den Falns 183 mit der Nummer 81 80 663 8 748-6.

Die Falns 180, 182 und 183 sind die ersten von der DB in Dienst gestellten Schüttgutwagen mit vergrößertem Oberkasten. Den Erfahrungen mit einem Prototyp von 1976 folgte 1981 der Serienbau der Falns 180 mit magnet-hydraulischer Klappensteuerung. Im selben Jahr erschien eine zweite Bauart nur mit mechanischer Klappensteuerung und Bedienbühnen an beiden Stirnseiten (Falns 182). Die Falns 183 entsprechen wieder den Falns 180 mit nur einer Entladebühne, sind aber durch Edelstahlbleche besser vor Korrosion geschützt. Die Wagen entsprechen dem Umgrenzungsprofil II, können also nicht international freizügig eingesetzt werden.

Alle Wagen laufen auf Drehgestellen der Bauarten 642, 652 oder 665 mit 4+1-lagigen Parabelfedern, Trapezschaken und vollständiger Drehpfanne. Die Knorr-Bremse der Bauart KE-GP mit einem Bremszylinder wird bei einem Teil der Wagen um eine Feststellbremse ergänzt.

Die am Oberkasten aufgehängten Entladeklappen werden durch Daumenwellenverschlüsse verriegelt. Gummiprofilleisten dichten sie gegen den Wagenkasten ab. Der für den hydraulischen Klappenverschluss benötigte Öldruck wird durch eine Radsatzpumpe zur Verfügung gestellt und in einen Speicher gefördert.

TECHNISCHE DATEN
Länge ü. Puffer: 12.540 mm
Drehzapfenabstand: 12.540 mm
Ladelänge: 11.594 mm
Laderaum: 85 m³
Lastgrenze D4S: 65.000 kg
Eigenmasse: 25.000 kg
Drehgestelle: 665, 642, 652
Bremse: KE-GP
Erstes Baujahr: 1981

Die Falns 180 haben eine magnetische Klappensteuerung, deshalb das „M“ auf der rechten Entladeklappe (Falns 180, Nummer 81 80 664 4 348-7, Köln-Gremberg).

Hbins-tt 292, Hirrs-tt 324

Schiebewandwagen

Die Schiebewandwagen der Bauart Hbins-tt 292 entstanden durch Umbau aus nicht mehr benötigten Wagen der Bauart Hbillns 302 (Hbins-tt 292, Nummer 42 80 226 2 091-1, Stuttgart-Untertürkheim).

TECHNISCHE DATEN (292)
Länge ü. Puffer: 14.220 mm
Achsstand: 9.000 mm
Ladelänge: 12.774 mm [1)]
Ladefläche: 34,1 m^2 [1)]
Laderaum: 105 m^3 [1)]
Lastgrenze DS: 29.000 kg
Eigenmasse: 15.800 kg
Bremse: KE-GP-A
Erstes Baujahr: 2005
[1)] ohne Trennwände

Seit Ende der 1990er-Jahre modernisiert die DB AG einen Teil ihrer zweiachsigen Schiebewandwagen, die sie nun Kunden, besonders der Automobilindustrie, zur Verfügung stellt. Diese befördert ihre Einzelteile mehr und mehr in Ladegestellen, deren Maße auf die Eckdaten gängiger Lkw-Bauarten mit einer Ladebreite von 2,5 m und einer Ladehöhe von mehr als 3,0 m abgestimmt sind. Güterwagen der Regelbauart mit ihren abgerundeten Dächern können diese Anforderungen nicht erfüllen. Deshalb baute die DB ihre alten Schiebewandwagen um.

Das Laufwerk hat rollengelagerte Vollradsätze mit Trapezfedern und Doppelschakengehänge. Die Druckluftbremse der Bauart KE-GP-A hat einen Bremszylinder und einfache Bremssohlen.

Das Untergestell besteht aus geschweißten und gekanteten Stahlprofilen. Zur Verstärkung wurde ein Sprengwerk vorgesehen. Lochleisten dienen zur Verriegelung der Quertrennwände. Der Kasten setzt sich aus festen Mittelsäulen, den Stirnwänden und dem festen Dach zusammen.

Aus Abrechnungsgründen kuppelte die DB ab 2005 je zwei Hbins-tt 292 zu Doppelwagen und bezeichnete sie als Hirrs-tt 324 (Hirrs-tt 324, 42 80 294 0 061-4).

Hbis-tt 293, Hirrs-tt 325

Schiebewandwagen

Die Schiebewandwagen der Bauart Hbis-tt 293 entstanden aus nicht mehr benötigten Wagen der Bauart Hbills 297 (Hbis-tt 293, 42 80 226 1 166-2, Stuttgart-Münster).

TECHNISCHE DATEN
Länge ü. Puffer: 14.220 mm
Achsstand: 9.000 mm
Ladelänge: 12.776 mm [1)]
Ladefläche: 33,0 m^2 [1)]
Laderaum: 100,5 m^3 [1)]
Lastgrenze CS: 25.500 kg
Eigenmasse: 15.400 kg
Bremse: KE-GP-A
Erstes Baujahr: 1998
[1)] ohne Trennwände

Ende der 1990er-Jahre hatte die DB zahlreiche Wagen der Bauart Hbills 297 im Bestand, die nicht mehr benötigt wurden. Weil sie sich aber noch in brauchbarem Zustand befanden, dienten sie als Spenderwagen für die Hbis-tt 293. 2003 kuppelte die DB einen Großteil der Hbis-tt 293 zu im Betrieb nicht lösbaren Doppeleinheiten und bezeichnete sie als Hirrs-tt 325.

Die zweiachsigen Laufwerke mit Blatttragfedern und Doppelschaken wurden unverändert von den Spenderwagen übernommen. Die Bremse hat einen Doppelbremszylinder und einfache Bremsklötze.

Das Untergestell setzt sich aus verstärkten Außenlangträgern zusammen, die durch Quer- und Pufferträger verbunden sind. Die Stirnwände sind durch Obergurte verbunden. Die Seitenwände bestehen aus zwei gleichartigen Schiebewandelementen mit Planen. Zum Öffnen wird eine Hälfte über das geschlossene Wandteil geschoben. Die Wandteile laufen unten auf Rollen und werden oben in Schienen geführt. Labyrinthdichtungen verhindern das Eindringen von Schmutz und Feuchtigkeit.

Die Doppelwagen Hirrs-tt 325 werden aus zwei festgekuppelten Hbis-tt 293 gebildet. Im Gegensatz zum oben gezeigten Wagen trägt der Hirrs-tt 325, 42 80 292 1 542-6, einen Railion-Schriftzug.

Hbi(ll)s(-x) 294, Hbis(-ww) 295

Schiebewandwagen

Die beiden großen, aus einer Aluminiumlegierung hergestellten Schiebewandhälften ermöglichen ein schnelles Be- und Entladen der Wagen (Hbis 294, 21 80 225 0 256-9, München).

Die Hbis 295 sind die Nachfolger der Hbis 297. Sie unterscheiden sich beim Untergestell, dem Wagenkasten und den Schiebetüren, weisen aber prinzipiell den gleichen Aufbau mit vier großen Schiebewänden, zwei festen Stirnwänden und einem festen Dach auf. Zunächst wurden die Wagen ab 1975 mit automatischer Lastabbremsung geliefert. Ab 1977 folgten baugleiche Wagen mit manueller Lastabbremsung. Sie erhielten zur Unterscheidung die Bezeichnung Hbis 294.

Das Laufwerk besteht aus zwei rollengelagerten Radsätzen mit Vollrädern, die über achtlagige Blatttragfedern und Doppelschaken mit dem Untergestell verbunden sind. Die Knorr-Druckluft-Klotzbremse hat Doppelbremssohlen. Ein Großteil der Bauart 294 ist mit einer Handbremse ausgestattet.

Für das geschweißte Untergestell wurden gekantete Stahlprofile verwendet. Zur Erhöhung der Stabilität des Untergestells sind Sprengwerke unter den Außenlangträgern. Das Untergestell ist bei Wagen mit Handbremse an einer Stirnseite um eine Bühne ergänzt.

Der Wagenkasten besteht aus den beiden festen Stirnwänden, einem festen Dach und den beiden Mittelsäulen. Diese Konstruktion bildet samt Untergestell eine verwindungsweiche Einheit. Auf jeder Seite sind zwei große Schiebetüren. Sie sind aus Gewichtsgründen aus einer Aluminiumlegierung hergestellt und laufen auf Rollen in am Obergurt des Daches befestigten Schienen. Die Verriegelung der Schiebewände befindet sich auf der Seite der Mittelsäulen. Im Inneren der Wagen sind mehrere verschiebbare Quertrennwände als Transportschutz montiert.

TECHNISCHE DATEN
Länge ü. Puffer: 14.220 mm
Achsstand: 9.000 mm
Ladelänge: 12.776 mm [1]
Ladefläche: 34,1 m² [1]
Laderaum: 76,7 m³ [1]
Lastgrenze CS: 26.000 kg
Eigenmasse: ca. 15.000 kg
Bremse: KE-GP(-A)
Erstes Baujahr Hbis 294: 1977 Hbis 295: 1975
[1] ohne Trennwände

Hbis-ww 299

Schiebewandwagen

TECHNISCHE DATEN
Länge ü. Puffer: 14.020 mm
Achsstand: 8.000 mm
Ladelänge: 12.774 mm [1]
Ladefläche: 34,1 m^2 [1]
Laderaum: 76,7 m^3 [1]
Lastgrenze CS: 26.000 kg
Eigenmasse: 13.800 kg
Bremse: KE-GP
Erstes Baujahr: 1966
[1] ohne Trennwände

Die Tbis 870 und Tbis 871 mit ihren großen Schiebewänden und beweglichen Dächern bewährten sich sehr gut im täglichen Einsatz, weil sie mit ihren großen Be- und Entladeöffnungen den normalen gedeckten Wagen in Bezug auf Umschlagzeiten weit überlegen waren. Es zeigte sich jedoch, dass in einigen Einsatzgebieten die beweglichen Dächer überflüssig waren. Darauf reagierte die DB und stellte ab dem Jahre 1966 die Hbis 299 mit festen Dächern in Dienst. Sie waren ein voller Erfolg, und die DB übernahm bis 1975 8.444 Hbis 299. Die Konstruktionsarbeit leistete die SEAG Waggonbau in Siegen. An der Produktion waren außer der SEAG noch LHB in Salzgitter und die Waggonfabrik Uerdingen beteiligt.

Parallel zu den Hbis 299 entstanden 1970 bis 1972 knapp 2.100 Hbis(-t) 297. Sie unterschieden sich nur in der Bremsanlage und können bis zu einer Höchstgeschwindigkeit von 120 km/h eingesetzt werden.

Das überkritische Laufwerk hat Monobloc-Radsätze in UIC-Rollenachslagern. Über neunlagige Blattfedern und Doppelschaken stützt sich der Aufbau auf den Radsätzen ab. Während bei den Hbis 299 die zweistufige Lastumstellung der Bremse von Hand erfolgen muss, geschieht dies bei den Wagen der Bauart 297 automatisch. Die Wagen werden überwiegend zum Transport palettierter Güter eingesetzt.

Das Untergestell setzt sich aus Außen- und Innenlangträgern, Quer- und Pufferträgern sowie einem ebenen Sprengwerk zusammen.

Der feste Wagenkasten besteht aus zwei Stirnwänden, einem Querportal in der Wagenmitte sowie Obergurten, die die Stirnwände und das Querportal miteinander verbinden. Das Dach ist wie die beweglichen Seitenwandteile aus Aluminium. Die Hbils haben eine Transportschutzeinrichtung aus verschiebbaren Holzquerwänden. Ab 1974 wurden die Wagen mit Funkenschutzblechen geliefert. Diese wurden auch bei den anderen Wagen nachgerüstet und diese Fahrzeuge als Hbis-ww bezeichnet. Die Bauart Hbiqss 297 ist mit einer elektrischen Hauptheizleitung (1.000 V und 1.500 V Gleichspannung) und einer Hauptluftbehälterleitung ausgestattet und kann deshalb auch (als Postwagen) in Reisezügen eingesetzt werden.

Die Hbis 297 unterscheiden sich durch die automatische Lastabbremsung von den Hbis 299 mit manuell umzuschaltender Lastabbremsung (Hbis-ww 299, 21 80 226 0 337-5, Tamm).

Hbillns 302, Hbillns 303

Schiebewandwagen

Im Inneren der Wagen befinden sich verschieb- und verriegelbare Quertrennwände zum Schutz des Ladeguts vor Beschädigungen (Hbillns 302, Nummer 21 80 247 2 056-5, Tamm).

Aus den Hbills 294/295 gingen zu Beginn der 1980er-Jahre die Schiebewandwagen der Bauarten 302, 303 und 304 hervor. Den Anfang machten die von 1978 bis 1982 beschafften und zunächst als Hbis-tt 302 bezeichneten Wagen. Parallel dazu wurde die Bauart 304 mit niedrigeren Lastgrenzen in Dienst gestellt. Sie wurde inzwischen in die Bauart 302 integriert. Ab 1981 folgten die Hbikks-tt 303 mit geringerem Eigengewicht.

Die beiden rollengelagerten Radsätze sind über zweistufige Trapezfedern und Doppelschaken mit dem Untergestell verbunden. Die Bremse der Bauart KE-GP arbeitet mit mechanischem Lastwechsel und Einfachbremssohlen.

Das Untergestell ist bei der Bauart 302 durch ein offenes Sprengwerk verstärkt. Bei der Bauart 303 wurden die Außenlangträger zur Verstärkung fischbauchartig nach unten gezogen.

Die verwindungsweiche Konstruktion des geschweißten Wagenkastens besteht aus je zwei Stirnwandsäulen, dem Dach und den Mittelsäulen. Die Verkleidung der Stirnwände und des Dachs besteht aus Stahl. Für die Schiebewände wurde Aluminium verwendet. Die Türen laufen in Schienen, die an den Obergurten des Dachs montiert sind.

TECHNISCHE DATEN
Länge ü. Puffer: 14.220 mm
Achsstand: 9.000 mm
Ladelänge: 12.776 mm [1)]
Ladefläche: 34,1 m^2 [1)]
Laderaum: 76,7 m^3 [1)]
Lastgrenze DS: 29.000 kg
Eigenmasse: 15.800 kg
Bremse: KE-GP
Erstes Baujahr Hbillns 302: 1978 Hbillns 303: 1981
[1)] ohne Trennwände

Die Bauart Hbillns 303 unterscheidet sich durch eine leichtere Konstruktion und damit durch das geringere Eigengewicht von den Hbbilns 302 (Hbillns 303, 21 80 247 3 568-8, Stuttgart, 31. März 2016).

Hbbillns 304/305, Hbbins 306

Schiebewandwagen

Die Hbb-Wagen eignen sich wegen ihrer großen Beladeöffnungen besonders für den Transport palettierter Güter (Hbbillns 305, 21 80 245 7 497-0, Karlsruhe, 13. März 2014).

TECHNISCHE DATEN

- Länge ü. Puffer: 15.500 mm
- Achsstand: 9.000 mm
- Ladelänge: 14.236 mm [1]
- Ladefläche: 14.236 m^2 [1]
- Laderaum: 105 m^3 [1]
- Lastgrenze DS: 28.500 kg
- Eigenmasse: 14.900 kg
- Bremse: KE-GP
- Erstes Baujahr
  Hbbillns 304: 2011
  Hbbillns 305: 1984
  Hbbins 306: 1986

[1] ohne Trennwände

Die Hbbillns 305 und die Hbbins 306 stellen mit den Hbilss-y 307 den Abschluss der Entwicklung zweiachsiger Schiebewandwagen bei DB und DR dar. Ab 1984 stellten beide Verwaltungen insgesamt ca. 3.500 dieser Wagen in Dienst. Parallel zur Bauart 305 wurden ab 1986 Wagen ohne Transportschutzeinrichtung gebaut und als Hbbins 306 eingereiht. Die Bauart Hbbillns 304 entstand ab 2011 durch den Ausbau der Quertrennwände aus etwa 500 Hbbillns 305.

Die Laufwerke bestehen aus rollengelagerten Radsätzen, vierlagigen Parabelfedern und Doppelschakengehängen. Die Druckluftbremse gehört zur Bauart KE-GP.

Das geschweißte Untergestell besteht aus Stegblechen, einem durchlaufenden Untergurt und Kantprofilen.

Die beiden Stirnwände sind durch den durchlaufenden Obergurt verbunden. Dazwischen stehen Mittelsäulen. Das Dach besteht aus gewalzten Hutprofilen mit Lochleisten zur Fixierung der Querwände. Labyrinthdichtungen an den manuell zu bedienenden Schiebewänden verhindern das Eindringen von Schmutz und Feuchtigkeit. Im Innenraum der Hbbillns 305 sind sechs verschieb- und verriegelbare Quertrennwände. Sie werden durch zwei im Dach montierte Laufschienen geführt.

Die Hbbins 306 wurden ohne Transportschutzeinrichtung geliefert und haben deshalb höhere Lastgrenzen als die Hbbillns 305 (Hbbins 306, 21 80 247 0 901-4, Tamm).

Hbbins-tt 309, Himrrs-tt 326

Schiebewandwagen

Während es sich bei den anderen Planen-Schiebewandwagen um Umbauten handelt, sind die Hbbins-tt eine Neukonstruktion (Hbinns-tt 309, Nummer 42 80 246 8 231-5, Kirchlengern).

TECHNISCHE DATEN
Länge ü. Puffer: 15.900 mm
Achsstand: 10.000 mm
Ladelänge: 14.363 mm 1)
Ladefläche: 37,7 m^2 [1)]
Laderaum: 115,0 m^3 [1)]
Lastgrenze DS: 28.500 kg
Eigenmasse: 16.300 kg
Bremse: KE-GP-A
Erstes Baujahr: 2001
[1)] ohne Trennwände

Der ständig weiter steigende Bedarf an Schiebewandwagen veranlasste die DB 2001, weitere Fahrzeuge zu beschaffen. Zur Unterscheidung von den Vorgängern wurden sie als Hbbins-tt 309 eingereiht. Der Auftrag wurde öffentlich ausgeschrieben und der Zuschlag ging an die polnische Firma Zastal Wagony S. A. in Zielona Góra. Zunächst wurden 200 Wagen bestellt und zwei Optionen über je 200 Wagen vergeben. Allerdings ging die Firma während der Produktion in Insolvenz, sodass nur etwa 250 Wagen geliefert wurden. Auch von der Bauart 309 wurden viele Wagen zu Paaren gekuppelt und als Himrrs-tt 326 bezeichnet.

Die Bremse der Bauart KE-GP-A mit automatischer, stufenloser und pneumatischer Lastabbremsung bewegt einfache Bremsklötze.

Der Aufbau besteht aus Stirnwänden und Mittelsäulen, die das Dach tragen. Auf jeder Seite kann mit einem zweiteiligen Schiebewandsystem jeweils die Hälfte der Ladelänge freigegeben werden.

Auch bei den Hbbins-tt 309 wurden viele Wagen zu festen Paaren gekuppelt. Sie werden als Himrrs-tt 326 bezeichnet. Der Himrrs-tt 326 mit der Nummer 42 80 292 6 000-0 fährt hier durch Stuttgart-Münster.

Hbbills 310/311

Großraum-Schiebewandwagen

Die Hbbills 310 entsprechen den Hbbills 311, passen aber durch die ausgerundeten Dächer in das kleinere Umgrenzungsprofil G1 (Hbbills 310, 21 80 247 5 275-8).

TECHNISCHE DATEN
Länge ü. Puffer: 17.250 mm
Achsstand: 10.000 mm
Ladelänge: 15.990 mm
Ladefläche: 46,4 m^2 [1]
Laderaum Hbbills 310: 126,1 m^3 [1] Hbbills 311: 140,4 m^3 [1]
Lastgrenze DS: 27.000 kg
Eigenmasse: 17.900 kg
Bremse: KE-GP-A
Erstes Baujahr Hbbills 310: 2000 Hbbills 311: 1999
[1] ohne Trennwände

Die Großraum-Schiebewandwagen Hbbills 310 und Hbbills 311 werden zum Transport von sperrigen Stückgütern eingesetzt. Sie wurden ab 1999 von Adtranz in Siegen und der MAV-Werkstatt in Debrecen (Ungarn) geliefert.

Die Radsätze sind rollengelagert. Die Federung wird von Parabelfedern übernommen, die über Doppelschaken mit den Lagerböcken verbunden sind. Die Klotzbremse hat eine automatische Lastabbremsung. Einige Wagen sind mit einer Feststellbremse ausgestattet. Um Verformungen zu vermeiden, ist das Untergestell durch Torsionskästen verstärkt.

Der geschweißte Wagenkasten besteht aus festen Stirnwänden, dem festen Mittelportal und dem schmalen Dachträger. Die Schiebetüren sind aus Aluminium hergestellt. Geschlossen liegen sie mit dem Mittelportal in einer Ebene. Beim Öffnen schwenken die Türen nach außen und laufen in Schienen über den geschlossenen Türflügel hinweg. Gegen verschmutzen des Ladeguts haben die Türen Labyrinthdichtungen. Die vier verschiebbaren Trennwände im Innern der Wagen sind im Dach an Laufschienen aufgehängt.

Die Hbbills 311 nutzen das größere Profil G2, sind aber deshalb nur bedingt im Ausland einsetzbar (Hbbills 311, 41 80 247 6 115-1, Stuttgart).

Hcceerrs 330

Vierteiliger Autotransportwagen

Ab 2002 beschaffte die DB die vierteiligen Autotransportwagen der Bauart Hcceerrs 330. Sie entstanden auf Anfrage der Daimler AG, die in den Wagen ihre hochwertigen Mercedes-Modelle transportiert. Der Hersteller hatte geschlossene Wagen gefordert, um die teuren Pkw vor Beschädigungen während der Fahrt zu schützen.

Das achtachsige Laufwerk hat Parabelfedern mit Doppelschaken. Die beiden Bremsanlagen mit je zwei Bremszylindern sind um eine Feststellbremse ergänzt.

Der Kasten besteht aus dem Untergestell (untere Ladeebene), den Tragsäulen und der oberen Ladeebene. Die Wände sind mit Wellblech verkleidet. Die Übergänge zwischen den Wagen sind mit Wellenbalgen verschlossen. Im Innern führen bewegliche Überfahrbrücken über die Kupplungen. Das Hubdach aus Aluminium-Strangpressprofilen kann um 400 mm angehoben werden. Die Stirntüren sind als zweiteilige, hydraulisch bediente Falttüren ausgebildet. Umlaufende Dichtprofile verhindern das Eindringen von Schmutz und Feuchtigkeit.

Die vierteiligen, geschlossenen Autotransportwagen Hcceerrs 330 entstanden in Zusammenarbeit zwischen der DB AG und der Daimler AG (Hcceerrs 330, 45 80 291 4 017-5, Tamm).

TECHNISCHE DATEN
Länge ü. Puffer: 54.000 mm
Achsstand: 4 x 9.000 mm
Ladelänge oben: 52.500 mm unten: 52.680 mm
Ladebreite oben: 2.738 mm unten: 2 810 mm
Lastgrenze CS: 48.000 kg
Eigenmasse: 65.000 kg
Bremse: 2 x KE-GP
Erstes Baujahr: 2002

Blick auf die obere Ladeebene eines Hcceerrs mit angehobenen Dachsegmenten.

Habbiins 344/352

Großraum-Schiebewandwagen

Die Habbiins 344 entsprechen in ihrer Grundkonstruktion den großräumigen Schiebewandwagen, die auch viele private Einsteller im Bestand haben (Habbiins 344, 31 80 274 0 291-2, Mühlacker).

TECHNISCHE DATEN

- Länge ü. Puffer: 23.900 mm
- Drehzapfenabstand: 18.360 mm
- Ladelänge: 22.640 mm
- Ladefläche: 63,8 m²
- Laderaum: 170 m³
- Lastgrenze DS: 63.000 kg
- Eigenmasse: 27.000 kg
- Drehgestelle: 629.4 (Y25 Ls)
- Bremse: KE-GP-A
- Erstes Baujahr Habbiins 344: 2004 Habbiins 352: 2008

Um ihren Kunden auch großräumige Schiebewandwagen zur Verfügung stellen zu können, beschaffte die DB ab 2004 die 400 Habbiins 344. Sie lehnen sich in ihrer Konstruktion an die 1987 gefertigten Bauarten 345 und 346 sowie an viele Privatwagen dieses Typs an und wurden von Greenbrier gebaut. 2008 kamen weitere 100 Wagen als Habbiins 352 dazu.

Die geschweißten Drehgestelle entsprechen mit den rollengelagerten Radsätzen und den Schraubenfedern weitgehend der Bauart Y25 Lsd. Die Bremse hat eine automatische Lastabbremsung und Bremsklötze aus Kunststoff.

Die Außenlangträger des Untergestells sind durch Fischbäuche verstärkt. Die Stirnwände, ein Mittelportal und das Dach bilden den festen Wagenkasten. Die Seitenwände aus Aluminium liegen in einer Ebene mit dem Mittelportal.

Die 200 ab 2008 gebauten Habbiins 352 lehnen sich in ihrer Konstruktion stark an die Habbiins 344 von 2004 an (Habbiins 352, Nummer 31 80 274 0 563-4, Stuttgart, 11. Juni 2015).

Habbi(i)(ll)ns 349/350/351/354

Großraum-Schiebewandwagen

Die Habbins 350 stammen von der AAE, gehören zum Typ H1 und H3 und haben innen keine Quertrennwände (Habbins 350, 31 80 277 0 287-3, Troisdorf).

Weil der Bedarf an großräumigen Schiebewandwagen für die Beförderung großer, nässeempfindlicher Güter wie Papierrollen ständig anstieg, mietete die DB ab 1995 immer wieder solche Fahrzeuge von der Ahaus Alstätter Eisenbahn (AAE), die diese Wagen in großer Stückzahl in ihrem Bestand hat. Je nach Art und Anzahl der Quertrennwände reihte die DB die Wagen in unterschiedliche Bauarten ein. Die Habbins 350 haben keine Trennwände. 2012 kaufte die DB zahlreiche dieser Wagen an und änderte bei ihnen die Bauartnummer, um sie von den gemieteten Wagen unterscheiden zu können.

Alle Wagen laufen auf Drehgestellen der Bauart Y25 L/Rss1 mit zweistufigen Schraubenfedern. Es sind Bremsen vom Typ Knorr oder Charmilles verbaut. Beide haben eine automatische Lastabbremsung und zwei Bremszylinder.

Die geschweißten Untergestelle sind durch Fischbauch-Langträger verstärkt. Die beiden beweglichen Seitenwandsegmente teilen die Wagen in zwei Hälften. Sie laufen unten auf Rollen und lassen sich von den Stirnseiten aus ent- und verriegeln.

TECHNISCHE DATEN
Länge ü. Puffer: 23.264 mm
Drehzapfenabstand: 17.724 mm
Ladelänge: 22.000 mm
Ladefläche: 62,4 m²
Laderaum: 167 m³
Lastgrenze DS: 63.000 kg
Eigenmasse: 27.000 kg
Drehgestelle: Y25 L/Rss1
Bremse: KE-GP-A, Ch-GP-A
Erstes Baujahr: 1995

Die verschiebbaren Seitenwandsegmente lassen sich von den Stirnseiten aus ver- und entriegeln (Habbillns 351, Nummer 31 80 278 0 302-8).

Kbs 442/443, Kls-x 448

Flachwagen mit Steckrungen

Während die Kbs 442 komplett aus neuen Teilen gefertigt sind, wurden bei den Wagen der Bauart Kbs 443 auch brauchbare Teile aus alten Wagen verwendet (Kbs 442, 21 80 334 4 952-9, Stuttgart).

TECHNISCHE DATEN
Länge ü. Puffer: 13.860/13.960 [1] mm
Achsstand: 8.000 mm
Ladelänge: 12.500 mm
Ladefläche: 34,6 m²
Lastgrenze CS: 27.000 kg
Eigenmasse: ca. 12.500 kg
Bremse: KE-GP
Erstes Baujahr: 1958
[1] mit Feststellbremse

Ab 1958 stellte die DB die Neubauwagen der Bauart Kbs 442 in Dienst. Sie lösten die Vorkriegsbauarten dieses Typs ab. Es zeigte sich jedoch, dass einzelne Bauteile der alten Wagen noch zu gebrauchen waren. Deshalb verwendete die DB diese Teile ein Jahr später beim Bau neuer Flachwagen. Sie wurden als Kbs 443 eingereiht, weichen in ihrer Konstruktion aber nur geringfügig von den Kbs 442 ab. Wagen ohne Rungen wurden als Kls 442 und Kls 443 bezeichnet.

Beim Transport überlanger Güter auf Flachwagen dürfen die benachbarten Wagen bei Kurvenfahrten die seitliche Bewegungsfreiheit des Ladeguts nicht einschränken. Deshalb wurden bei einigen Kbs 442 die seitlichen Ladeklappen an den Enden abgebaut. Diese sogenannten Schutzwagen erhielten die Bezeichnung Klps 444. In den 1980er-Jahren gingen etwa 480 Kbs 442 und 443 in den Dienstwagenpark über. Sie wurden als Kls-x 448 bezeichnet und tragen einen gelben Streifen.

Das überkritische Laufwerk hat UIC-Rollenlagerradsätze und Blattfedern mit Doppelschaken. Ein Sprengwerk verstärkt das Untergestell, das bei Wagen mit Feststellbremse um eine Bühne verlängert ist.

Die stählernen Bordwände können abgeklappt werden. Die Stirnrungen bestehen aus I-Profilen, die abnehmbaren Seitenrungen aus Pressblech. Die Seitenrungen können abgenommen und in Halterungen am Untergestell verstaut werden.

Zahlreiche Fahrzeuge gingen in den Dienstwagenpark über, wurden in Kls-x 448 umgezeichnet und bekamen eine gelbe Kennfläche. Am 24. August 2016 steht der Kls-x 448, 42 80 346 7 888-1, mit Schwellen beladen in Böblingen.

Kijls 450, Laaijrs 587

Zweiachsiger Planenwagen

Besonders für die Beförderung von Autoteilen stellte die DB ab 2001 die zweiachsigen Planenwagen der Bauart Kijls 450 in Dienst (Kijls 450, Nummer 41 80 338 4 054-1, Kassel-Wilhelmshöhe).

Für den Transport von großen, stoßempfindlichen Gütern beschaffte die Deutsche Bahn ab dem Jahr 2001 die hier vorgestellten zweiachsigen Planenwagen der Bauart Kijls 450. 2003 kuppelte die DB je zwei Wagen zu einer festen Einheit und bezeichnete sie als Laaijrs 587.

Für das geschweißte Laufwerk wurden Glockenradsätze mit Rollenlagern und 4+1-lagige Parabelfedern verwendet. Die Bremse der Bauart Knorr KE-GP-A hat eine selbsttätige, stufenlos und pneumatisch arbeitende Lastabbremsung. Etwa ein Fünftel aller Wagen ist mit einer bodenbedienbaren Feststellbremse ausgestattet.

Das geschweißte Untergestell besteht aus Außen- und Mittellangträgern, die mit Querträgern zu einem Rahmen ergänzt werden. Die beiden Kopfstücke sind über einen gashydraulischen Langhubstoßdämpfer am beweglichen Mittellangträger des Untergestells befestigt. Die Stirnwände setzen sich aus einem Rahmenprofil zusammen. Am Innenrand des Rahmens der Stirnwände verläuft eine Gummidichtung, die verhindert, dass Schmutz oder Feuchtigkeit eindringen können. Den Laderaum überspannt eine PVC-beschichtete Gewebeplane mit zwölf Spriegeln. Unten ist diese Plane mit kleinen Laufwagen verbunden, die ihrerseits in Schienen auf den Außenlangträgern laufen. Der Fußboden besteht aus Stahlblechen und Kiefernholzbohlen.

TECHNISCHE DATEN
Länge ü. Puffer: 16.500 mm
Achsstand: 10.000 mm
Ladelänge: 4.150 mm
Laderaum: 109 m³
Lastgrenze DS: 27.500 kg
Eigenmasse: 17.200 kg
Bremse: KE-GP-A
Erstes Baujahr: 2001

Stoßverzehrelemente mit hydraulischen Langhubstoßdämpfern zwischen den Pufferbohlen verhindern bei der Bauart Kijls 450 die Beschädigung des Ladeguts (Kijls 450, 41 80 338 4 001-2, Stuttgart Hbf.).

Slps 462/463/464

Schwellentransportwagen

Für die Beförderung von Schwellen in Gleisumbauzügen stellte die DB spezielle Transportwagen in Dienst, darunter auch die Bauart Slps 462.

TECHNISCHE DATEN
Länge ü. Puffer Slps 462, 463: 21.300 mm Slps 464: 21.340 mm
Drehzapfenabstand: 15.800 mm
Ladelänge: 20.100 mm
Lastgrenze CS Slps 462, 463: 53.500 kg Slps 464: 63.000 kg
Eigenmasse Slps 462, 463: 27.300 kg Slps 464: 23.900 kg
Drehgestelle: 660, 661
Bremse: KE-GP
Erstes Baujahr Slps 462, 463: 1974 Slps 464: 1977

Für eine schnelle und effektive Verlegung von Schwellen beim Gleisbau stellte die DB mehrere Bauarten Schwellentransportwagen in Dienst, deren besonderes Merkmal die Laufschienen für Portalkräne an den Längsseiten der Fahrzeuge sind. Diese Schienen lassen sich mit Zwischenstücken von Wagen zu Wagen verbinden, sodass der Portalkran über den ganzen Zug fahren und die Schwellen direkt an die Baustelle bringen kann.

Die ersten 71 Neubaufahrzeuge kamen 1974 und 1975 von Talbot in Aachen. Sie wurden zunächst als Dienstwagen 245 eingereiht. Zur gleichen Zeit folgten weitere 90 Wagen, die als Bauart 246 in den Listen geführt wurden. Letzte Bauart mit Laufschienen sind die 151 Wagen für Oberbaustoffe 247 von 1977. Später wurden die Wagen in Slps 462, 463 und 464 umgezeichnet.

Allen gemeinsam sind die Drehgestelle der Bauart 661, die sie ab 2001 bekommen haben. Die Langträger sind fischbauchartig ausgeformt. Während die Bauart 464 eine Holzfußboden hat, wurde bei den beiden anderen Bauarten darauf verzichtet.

Die neueste Bauart für Umbauzüge sind die Slps 464. Auch sie haben Fahrschienen für Portalkräne.

Sps 466

Schwellentransportwagen

Die Schwellentransportwagen der Bauart 466 stammen aus dem Bestand der DR der DDR (Sps 466, 82 80 471 9 030-5, Kaiserslautern).

Die Schwellentransportwagen der Bauart 466 stammen aus dem Bestand der ehemaligen DR der DDR und kamen 1994 zur Deutschen Bahn. Sie verkaufte die Wagen an die Leipziger Gleisbaufirma Kirow und mietete sie 1998 wieder an. Zur Zeit sind sie unter der Bezeichnung Sps 466 in den Listen zu finden. Weil die Wagen aber aus unterschiedlichen Lieferungen stammen, unterscheiden sie sich erheblich voneinander. Einen Teil der Fahrzeuge baute das Raw Eberswalde 1987 aus Flachwagen der Bauarten Rm-z und Rs um. Ein Jahr später kamen noch 90 ebenfalls in Eberswalde als Rgs umgebaute Transportwagen hinzu.

Die Wagen laufen je nach Herkunft auf Drehgestellen der Bauart Niesky mit Blattfederung oder Y25 Cs mit Schraubenfederung. Allen gemeinsam ist die Druckluftbremse der Bauart KE-GP. Bei der Ausführung des Untergestells gibt es Wagen mit Fischbauch-Langträgern und Wagen mit trapezförmigen Unterzügen. Auch sie haben Laufschienen für Portalkräne. Dazu kommen spezielle Ladegestelle für die Schwellen. Mit zwölf Spanngurten soll das Verrutschen der Ladung verhindert werden.

TECHNISCHE DATEN

Länge ü. Puffer: 20.100 mm, 20.220 mm
Drehzapfenabstand: 14.600 mm
Ladelänge: 18.540 mm
Lastgrenze CS: 52.000 kg
Drehgestelle: Bauart Niesky oder 851 (Y25 Cs)
Bremse: KE-GP
Erstes Baujahr: 1987

Die Wagen haben spezielle Ladegestelle und Spanngurte für die sichere Beförderung der Schwellen (Sps 466, Nummer, 82 80 471 9 184-0, Stuttgart-Untertürkheim, 1. August 2014).

Laaeks 553

Vierachsiger Autotransportwagen

Nach zwei Prototypen im Jahr 1980 begann 1986 der Bau der Serienwagen. Der Laaeks 553, 25 80 436 6 778-5, wird von der Autotransportlogisik (ATG) eingesetzt (Asperg, 3. Juni 2015).

TECHNISCHE DATEN
Länge ü. Puffer: 27.000 mm
Achsstand: 2 x 9.000 mm
Ladelänge oben: 26.500 mm unten: 26.100 mm
Ladebreite oben: 2.910 mm unten: 3.000
Ladehöhe oben: 1.930 mm unten: 1.750 mm
Lastgrenze CS: 18.500 kg
Eigenmasse: 26.600 kg
Bremse: KE-GP
Erstes Baujahr: 1980

Mit den Laaeks 553 beschaffte die Deutsche Bundesbahn erstmals vierachsige Autotransportwagen. Nachdem der Serienbau entschieden war, entstanden insgesamt 2.150 Fahrzeuge. An ihrer Herstellung beteiligten sich mehrere Waggonbaufirmen. Während die Vorgängerbauarten auch für Kleinbusse geeignet sind, können auf den Laaeks 553 nur Pkw befördert werden.

Die Wagen laufen auf vier rollengelagerten Radsätzen mit Vollrädern. Blattfedern und Doppelschaken stellen Verbindung zum Untergestell her. Die Bremse hat für jede Wagenhälfte einen eigenen Bremszylinder. Die Feststellbremse wird über ein seitliches Handrad bedient.

Das Untergestell bildet die untere Ladeebene. Die obere Ladeebene wird durch vier senkrechte Säulen getragen und kann über Handkurbeln verschoben werden. An den Wagenenden sowie am Übergang zwischen den Wagenhälften sind oben und unten bewegliche Überfahrbrücken vorhanden. An den Enden können sie abgeklappt werden, in der Mitte liegen sie immer auf den Fahrbahnen auf.

Acht Laaeks 553 beschaffte die norwegische Spedition AS Drammen. Diese Wagen sind grün lackiert. Auch sie werden heute von der ATG verwaltet und genutzt (Laaeks 553, 23 80 435 2 007-7, Stuttgart, 10. Juni 2016).

Laadrs 557

Einstöckiger Autotransportwagen

Damit Automobilhersteller außer Pkw auch ihre Transporter auf der Schiene zu ihren Kunden bringen können, bietet die DB die einstöckigen Autotransportwagen der Bauart Laadrs 557 an.

Die DR beschaffte ab 1986 eine letzte Serie zweiachsiger Autotransportwagen. Sie gelangte 1994 zur DB AG, entsprach aber nicht mehr den aktuellen Anforderungen. Weil die Grundsubstanz der Fahrzeuge gut erhalten war, entschloss sich die DB zum Umbau. Dabei wurden im Werk Leipzig-Engelsdorf immer zwei Wagen zu einer Doppeleinheit zusammengekuppelt, das Untergestell verstärkt und um ein nach außen gekröpftes Geländer ergänzt. Außerdem wurde die obere Ladeebene entfernt, sodass die Wagen nun zur Beförderung von Kleinbussen genutzt werden können.

Die Laufwerke mit Zylinderrollenlagern, Blattfederpaketen und Doppelschaken blieben unverändert. Jede Hälfte hat eine eigene Druckluftbremse der Bauart KE-GP, deren Bremszylinder die einfachen Bremsklötze bewegt. Sie wird um eine Feststellbremse ergänzt. Untereinander sind die beiden Hälften über eine im Betrieb unlösbare Kurzkupplung verbunden. Die Ladeebenen haben klappbare Überfahrbrücken an den Stirnseiten, die allerdings während der Fahrt hochgeklappt werden müssen. Verschiebbare Radvorleger verhindern das Wegrollen der Autos.

Auf den einstöckigen Autotransportwagen Laadrs 557 können Kleinbusse und Transporter befördert werden (Laadrs 557, 25 80 435 4 000-0, Würzburg).

TECHNISCHE DATEN
Länge ü. Puffer: 27.000 mm
Achsstand: 2 x 10.000 mm
Ladelänge: 30.000 mm
Ladebreite: 2.800 mm
Ladehöhe: 3.465 mm
Lastgrenze CS: 4.000 kg
Eigenmasse: 28.000 kg
Bremse: KE-GP
Erstes Baujahr: 1995

Die Laadrs 557 entstanden aus zweistöckigen Autotransportwagen der Bauart Leks 557 (Laadrs 557, 25 80 435 4 010-7, Karlsruhe, 15. Mai 2015).

Laes 559

Dreiachsiger Autotransportwagen

Wie die übrigen Laes 559 und andere moderne Güterwagen wurde der Laes 559 mit der Nummer 25 80 429 3 475-6 in Verkehrsrot abgeliefert (Asperg, 3. Juni 2015).

TECHNISCHE DATEN
Länge ü. Puffer: 27.000 mm
Achsstand: 2 x 10.000 mm
Ladelänge oben: 26.640 mm unten: 26.160 mm
Ladebreite oben: 2.794 mm unten: 2.926 mm
Ladehöhe oben: 2.102 mm unten: 1.870 mm
Lastgrenze CS: 20.000 kg
Eigenmasse: 28.200 kg
Bremse: KE-GP
Erstes Baujahr: 2000

Mit den Laes 559 kehrte die DB Ende der 1990er-Jahre zu dreiachsigen Autotransportwagen mit Mittellaufwerk zurück. Gegenüber seinen Vorgängern hat der Laes 559 eine Vielzahl von Verbesserungen vorzuweisen. So lässt sich die obere Ladeebene in zehn Transportstellungen arretieren und damit obere und untere Ladehöhe genau auf die beförderten Autos abstimmen.

Die Endlaufwerke sind mit Parabelfedern ausgestattet, die Mittellaufwerke mit Trapezfedern. Der mittlere Radsatz wurde kleiner gewählt, um eine möglichst tiefe untere Ladeebene zu erhalten. Die Bremse der Bauart KE-GP hat in jeder Wagenhälfte einen eigenen Bremszylinder.

Das Untergestell bildet mit den Kopfträgern die untere Ladeebene. Die oberen Ladeebenen werden in je vier senkrechten Stützen geführt. Die geschlossenen Ladeebenen sind in Längsrichtung leicht gewölbt, damit das Wasser abfließen kann. In den unteren Ladeebenen sind vier abdeckbare Lademulden. Klappbare Überfahrbrücken verbinden die Ladeebenen mehrerer Wagen zu einer durchgehenden Fahrbahn.

Bei den Laes 559 kann die obere Ladeebene soweit abgesenkt werden, dass auch Kleintransporter befördert werden können (Laes 559, 25 80 429 3 159-6, Würzburg).

Laaers 560

Vierachsiger Autotransportwagen

Letzte Entwicklung doppelstöckiger Autotransportwagen bei der DB sind die ab 2007 gebauten Laaers 560 (25 80 437 1 584-0, Asperg, 2. Oktober 2015).

Die ab 2007 gebauten doppelstöckigen Autotransportwagen Bauart Laaers 560 mit vier Radsätzen sind eine Weiterentwicklung der Laes 559. Sie sind mit 31.000 mm 4.000 mm länger als die Vorgänger und können somit bis zu zwölf Mittelklasse-Pkw befördern. Gebaut wurden die 36 Vorserienwagen von der Waggonfabrik Graaff in Elze. Die Serie von 650 Fahrzeugen entstand bei der Waggonbau Niesky.

Die Laufwerke mit Vollradsätzen und einer Radsatzlast von 18.000 kg haben neu entwickelte, einstufige Parabelfedern. Während die ersten Wagen noch mit einer Druckluftbremse Bauart Sab-Wabco SW-GP-A (K) ausgestattet wurden, bekamen die später gebauten Wagen eine Knorr-Bremse der Bauart KE-GP-A (K). Beide haben eine automatische Lastabbremsung und Bremssohlen aus Komposit-Kunststoff.

Anders als bei den bisherigen Fahrzeugen lässt sich die obere Ladeebene bei den Laaers 560 mit Spindeln in 100-mm-Schritten heben oder senken und damit genau auf die Höhe der verladenen Autos einstellen. Dies ist vom Boden aus mit Handkurbeln oder Antriebsmaschinen möglich. An den Enden aller Ladeebenen sind bewegliche Überfahrklappen montiert, sodass von einem zum anderen Wagen gefahren werden kann. Mit Radvorlegern, die sich in Lochschienen verschieben und arretieren lassen, werden die Autos vor Beschädigung gesichert.

TECHNISCHE DATEN
Länge ü. Puffer: 31.000 mm
Achsstand: 2 x 10.000 mm
Ladelänge oben: 30.550 mm unten: 30.070 mm
Ladebreite oben: 2.750mm unten: 2.950 mm
Ladehöhe oben: 1.850 mm unten: 1.930 mm
Lastgrenze CS: 34.000 kg
Eigenmasse: 30.000 kg
Bremse: SW-GP-A, KE-GP-A
Erstes Baujahr: 2007

Zur Eröffnung des Porsche-Museums in Stuttgart-Zuffenhausen wurde der Vorserien- Wagen Laaers 560, 25 80 437 1 024-7, mit acht Porsche-Modellen unterschiedlicher Generationen beladen.

Lgs 579, Lgs 580

Zweiachsiger Containertragwagen

Schiebewandwagen der Bauarten Hbis 297 und 299 dienen als Grundlage der Lgs 580. Der Lgs 580 mit der Nummer 21 80 442 6 119-4 wartet in Würzburg auf Ausfahrt.

TECHNISCHE DATEN
Länge ü. Puffer: 14.020 mm
Achsstand: 8.000 mm
Ladelänge: 12.500 mm
Lastgrenze CS: 27.500 kg
Eigenmasse: 12.500 kg
Bremse: KE-GP-A
Erstes Baujahr: 1998

Mitte der 1990er-Jahre benötigte die Deutsche Bahn AG bzw. die Kombiwaggon moderne Flachwagen zur Beförderung von Containern und Wechselaufbauten. Zwischen 1970 und 1980 hatte die DB über 2.000 Lgjs 575 beschafft. Mitte der 1990er-Jahre wurden bei 160 von ihnen die Stoßverzehreinrichtungen ausgebaut und die Wagen als Lgs 579 bezeichnet. In der zweiten Hälfte der 1990er-Jahre hatte die DB noch unzählige Hbis 297 und Hbis 299 im Bestand, die sie in dieser Form nicht mehr benötigte. Laufwerke und Untergestelle waren aber so gut erhalten, dass sie weiter verwendet werden konnten. So entstanden 1998 in Zwickau die Lgs 580. Für die Lgs 580 und Lgns 581, die 1999 und 2000 umgebaut wurden, verwendete man Hbis 299, hier musste die automatische Lastabbremsung nachgerüstet werden.

Das überkritische Laufwerk hat UIC-Rollenachslager, neunlagige Blattfedern und Doppelschaken. Das Untergestell hat ein ebenes, gelochtes Sprengwerk. 16 fest montierte Aufsetzzapfen verhindern, dass sich die Container während der Fahrt verschieben. An die Langträger wurden Seilhaken angeschweißt. Für das Rangierpersonal gibt es Auftritte und Griffe.

Die Ladefläche ist bei den Lgs 580 komplett mit Blechen abgedeckt (Lgs 580, Nummer 21 80 442 6 565-8, Stuttgart, 26. September 2014).

Lgns 583

Zweiachsiger Containertragwagen

Im Gegensatz zu den meisten DB-Wagen sind die Lgns 583 mit einer Druckluftbremse Bauart Charmilles CH-GP-A ausgestattet (Lgns 583, 21 84 443 5 496-1, Stuttgart-Untertürkheim).

Mit vorhandenen Containertragwagen konnte die DB den Bedarf nicht decken. Deshalb nahm sie ab 1996 die Lgns 583 in ihren Bestand auf. Obwohl die Fahrzeuge von der DB verwaltet und eingesetzt werden, sind einige bei den Nederlandse Spoorwegen (NS) eingestellt und tragen deshalb die Länderkennziffer 84 (NL-DB).

Das Laufwerk hat rollengelagerte Radsätze, Parabelfedern und Doppelschaken. Die Druckluft-Klotzbremse der Bauart Charmilles CH-GP-A ist mit selbsttätiger, stufenloser, pneumatischer Lastabbremsung und GP-Wechsel ausgestattet. Ein Teil der Lgns 583 hat eine Feststellbremse.

Das Untergestell ist in der Mitte fischbauchartig nach unten erweitert. Mit den Wagen können nur Container befördert werden. Dazu sind an jedem Langträger acht klappbare Aufsetzzapfen montiert, die die Container gegen ein Verrutschen sichern. Auf einen durchgehenden Fußboden wurde verzichtet. Für das Rangierpersonal gibt es an zwei diagonal gegenüberliegenden Ecken einen großen Auftritt und einen Handgriff. Seilhaken, Ösen und Zettelkästen nach UIC-Vorgaben vervollständigen die Ausstattung.

TECHNISCHE DATEN
Länge ü. Puffer: 13.860 mm
Achsstand: 9.000 mm
Ladelänge: 12.620 mm
Lastgrenze CS: 19.000 kg
Eigenmasse: 12.300 kg
Bremse: CH-GP-A
Erstes Baujahr: 1996

Bei den Lgns 583 verzichtete der Hersteller auf die Abdeckung des Untergestells mit Blechplatten (Lgns 583, Nummer 25 80 443 5 181-9, Stuttgart, 7. Juli 2016).

Rbns 641, Rns-z 643

Flachwagen mit Drehrungen

Die ab 1998 in 400 Exemplaren beschafften Rns-z 643 sind eine kürzere Variante der Rbns 641 (Rns-z 643, 31 80 399 1 238-7).

TECHNISCHE DATEN (641)

- Länge ü. Puffer: 26.350 mm
- Drehzapfenabstand: 20.050 mm
- Ladelänge: 25.000 mm
- Ladefläche: 65 m²
- Lastgrenze DS: 63.000 kg
- Eigenmasse: 26.800 kg
- Drehgestelle: 629 (Y25 Lsd1)
- Bremse: KE-GP-A
- Erstes Baujahr: 1997

TECHNISCHE DATEN (643)

- Länge ü. Puffer: 22.400 mm
- Drehzapfenabstand: 16.860 mm
- Ladelänge: 18.400 mm
- Ladefläche: 57 m²
- Lastgrenze DS: 66.000 kg
- Eigenmasse: 23.800 kg
- Drehgestelle: 629 (Y25 Lsd 1)
- Bremse: KE-GP-A
- Erstes Baujahr: 1998

Als Neuentwicklung stand im September 1997 der vierachsige, überlange Flachwagen mit Drehrungen Bauart Rbns 641 auf der internationalen Maschinenbaumesse in Brünn. 25.000 mm Ladelänge lassen den Transport von langem, aber auch kurzem und schwerem Ladegut zu. Die Produktion der Fahrzeuge wird in Zusammenarbeit mit der tschechischen Firma MSV Studenka durchgeführt. Die Wagen entsprechen den Bauvorschriften der UIC. Kurz nach den 26.350 mm langen Flachwagen der Bauart Rbns 641 beschaffte die DB ab 1998 mit den Rns-z 643 400 ähnliche Wagen, die aber nur 22.400 mm lang sind. Beide Bauarten wurden von Adtranz in Siegen entwickelt und in Zusammenarbeit mit der MSV Studenka in Tschechien gebaut.

Es wurden Drehgestelle der Bauart Y25 Lsd 1 mit Schraubenfedern verwendet. Die Wagen haben eine Knorr-Druckluftbremse der Bauart KE-GP-A mit automatischer Lastabbremsung und Doppelbremsklötzen.

Das Untergestell besteht aus durchlaufenden äußeren Langträgern, die zwischen den Drehgestellen fischbauchartig nach unten erweitert sind.

An beiden Stirnseiten verhindern bewegliche Kopfklappen, dass das Ladegut vom Wagen rutscht. Neun Drehrungen je Seiten ermöglichen den Transport und die Sicherung von höherem Ladegut. Sie bestehen aus hochfestem Stahl und haben einen I-förmigen Querschnitt.

Das Ladegut liegt auf besonderen Ladeschwellen. Die Riffelbleche des Fußbodens sind zwar begehbar, dürfen aber nicht mit Ladegut oder Fahrzeugen belastet werden.

Die Rbns 641 haben eine Ladelänge von 25.000 mm (Rbns 641, 81 80 350 7 013-0, Stuttgart, 6. Dezember 2015).

Roos 639, Roos-t 642/645

Holztransportwagen

Anfang der 1990er-Jahre hatte die Reichsbahn der DDR zahlreiche Rgs [3910] in ihrem Bestand, für die sie keine Verwendung mehr hatte. Zur gleichen Zeit ergab sich aber ein erhöhter Bedarf an Wagen zur Beförderung von Stammholz, so entschloss man sich zum Umbau. 1994 entstand ein Prototyp, dem 150 Serienwagen folgten. 1996 fertigte das Werk Eberswalde weitere 101 Wagen, die sich in Details von den Roos 639 unterschieden und als Roos-t 642 eingereiht wurden. Mit diesen etwa 350 Wagen konnte der Bedarf noch nicht gedeckt werden und die Bahn setzte das Umbauprogramm im Jahr 2000 fort, nun aber mit anderen Spenderbauarten. So entstanden 550 Roos-t 645.

Wie die Spenderwagen laufen auch die Roos-t 645 auf Drehgestellen der Bauart Y25 Rs. Die KE-GP-Druckluftbremse mit einfachen Bremsklötzen stammt von den Ursprungswagen.

Das Untergestell ist als Schweißkonstruktion gefertigt. Die Fischbauch-Langträger liefern die nötige Stabilität. Die Stirnseiten haben feste Bordwände. Die 16 Paar Steckrungen der Bauart „ExTe" können in 26 Rungentaschen je Seite eingesteckt werden. Zur Aufnahme des Ladeguts dienen Querschwellen, von denen sechs versetzt werden können.

Die hier vorgestellten Wagen sind kein Neubau, sondern wurden aus Flachwagen der DR der DDR umgebaut (Roos-t 645, Nummer 31 80 352 5 247-3, Schwandorf).

TECHNISCHE DATEN (645)
Länge ü. Puffer: 19.900 mm
Drehzapfenabstand: 14.860 mm
Ladelänge: 18.400 mm
Ladebreite: 2.650 mm
Ladefläche: 48,6 m^2
Lastgrenze CS: 55.000 kg
Eigenmasse: 24.800 kg
Drehgestelle: 867 (Y25 Rs)
Bremse: KE-GP
Erstes Baujahr: 2000

32 lose ExTe-Rungen können bei den Roos-t 645 je nach benötigtem Abstand in 52 Rungentaschen eingesteckt werden (Roos-t 645, 31 80 352 5 607-8, Esslingen [Neckar]).

Rnoos 644

Flachwagen

Die Rnoos 644 wurden ab 2007 von der Waggonbau Niesky an OnRail geliefert und von der DB angemietet. Der Rnoos 644, 37 80 352 1 240-6, steht am 13. März 2014 in Böblingen.

TECHNISCHE DATEN
Länge ü. Puffer: 22.860 mm
Drehzapfenabstand: 16.560 mm
Ladelänge: 21.614 mm
Ladebreite: 2.650 mm
Ladefläche: 57,0 m²
Lastgrenze DS: 64.500 kg
Eigenmasse: 25.500 kg
Drehgestelle: 629 (Y25 Lsd1)
Bremse: SW-GP-A, KE-GP-A
Erstes Baujahr: 2007

Die DB nahm ab 2007 die Rnoos 644 in ihren Bestand auf. Sie sind bevorzugt für die Beförderung witterungsunempfindlicher Güter wie Stahlprofile, Betonteile, Rohre, auch Stämme und Schnittholz vorgesehen. Käufer der Wagen war OnRail. Die DB mietete sie lediglich an. Gefertigt wurden die Rnoos 644 von der Waggonbau Niesky.

Die Drehgestelle der Bauart Y25 Lsd haben H-förmige Rahmen mit Kopfstücken, Schraubenfedern und Glockenradsätzen. Die Bremse der Bauart Sab Wabco SW-GP-A mit automatischer Lastabbremsung wirkt auf Doppel-Bremssohlen.

Das Untergestell ist eine Schweißkonstruktion mit Fischbauch-Langträgern. An den Rahmenenden sind feste Stirnwände montiert. Die Wagen sind mit neuartigen Drehrungen System Innofreight ausgestattet. Dieses besteht aus zwei Drehrungen, die miteinander verbunden und mit dem Untergestell verschraubt sind. Zur Sicherung der Ladung sind zwischen den Rungen Spanneinrichtungen an den Langträgern montiert.

Die Rnoos 644 werden bevorzugt für die Beförderung großer, nicht witterungsempfindlicher, nicht zu schwerer Güter wie Rohre oder Holz verwendet (Rnoos 644, 31 80 352 1 038-0, Stuttgart-Münster.

Rbns 646

Flachwagen

Zur Beförderung langer Gegenstände stellte die DB ab 2001 400 Rbns 646 in Dienst (Rbns 646, 81 80 350 7 549-3, Böblingen, 24. August 2016).

Um den Wagenpark an Fahrzeugen, mit denen lange Stahlerzeugnisse wie Rohre oder Profile, aber auch Holzstämme befördert werden können, aufzustocken, stellte die DB AG ab 2001 die Rbns 646 in Dienst. Die erste, 200 Wagen umfassende Bauserie orderte die DB beim polnischen Hersteller Wagony Swidnica SA. Die zweite Serie folgte erst 2010/11. Sie umfasste wieder 200 Fahrzeuge. Hersteller war diesmal die ebenfalls in Polen ansässige Fabryka Wagonow Gniewczyna.

Die Flachwagen laufen auf Drehgestellen der Bauart 629 (Y25 Lsd 1), mit denen sie unbeladen bis 120 km/h schnell fahren können. Als Bremse verwendeten die Konstrukteure die Bauart KE-GP-A mit automatischer Lastabbremsung. Ein Teil der Wagen hat eine vom Boden aus bedienbare Feststellbremse.

Die beiden fischbauchartig nach unten ausgeformten Außenlangträger, Querträger und die beiden Kopfträger bilden das Untergestell. An den Längsseiten sind je zehn feststehende Doppelrungen aus Stahlprofilen montiert. Zwischen den Doppelrungen sind in unterschiedlichen Höhen je drei Kunststoffrollen, über die die Spannbänder laufen können. Damit das Ladegut beim Kontakt mit den Rungen nicht beschädigt wird, sind diese auf den Innenseiten mit Schichtholz ausgekleidet.

TECHNISCHE DATEN
Länge ü. Puffer: 26.350 mm
Drehzapfenabstand: 20.050 mm
Ladelänge: 25.000 mm
Ladebreite: 2.520 mm
Ladefläche: 63,0 m^2
Lastgrenze DS: 60.500 kg
Eigenmasse: 95.500 kg
Drehgestelle: 629 (Y25 Lsd1)
Bremse: KE-GP-A (K)
Erstes Baujahr: 2001

Die Wagen haben an jeder Längsseite zehn feststehende Doppelrungen mit einer Niederbindeeinrichtung zur Ladungssicherung (Rbns 646, 81 80 350 7 740-8, Köln-West).

Rils 652, Rilns 654, Rins 655

Vierachsiger Planenwagen

Ist die verschiebbare Plane geöffnet, gibt sie etwa zwei Drittel der Grundfläche des Wagens als Ladefläche frei (Rils 652, 31 80 354 0 180-7, Stuttgart-Münster).

TECHNISCHE DATEN

- Länge ü. Puffer: 20.000 mm
- Drehzapfenabstand: 14.860 mm
- Ladelänge: 18.500 mm
- Ladebreite: 2.710 mm
- Ladefläche: 49,2 m^2
- Lastgrenze DS: 64.500 kg
- Eigenmasse: 25.100 kg
- Drehgestelle: 621 (Y25 Cs), 628, 629 (Y25 Lsd1)
- Bremse: KE-GP-A
- Erstes Baujahr
  Rils 652: 1988
  Rilns 654: 1993
  Rins 655: 1997

Ende der 1980er-Jahre entschloss sich die DB, ihren Kunden vierachsige Wagen mit Planenabdeckung anzubieten. Zwei Res 687 wurden im AW Paderborn umgebaut. Nach der betrieblichen Bewährung der beiden Rils 652 kamen weitere 498 Serienwagen von unterschiedlichen Herstellern hinzu.

Bei den um 100 mm längeren und ab 1993 gebauten 600 Rilns 654 handelt es sich um Neubauten. Bei einer Radsatzlast von 22,5 t haben sie höhere Lastgrenzen. Mit den 200 Rins 655 vergrößerte die DB ab 1997 ihren Bestand an Planenwagen weiter. Diese Wagen unterscheiden sich durch Fischbauch-Langträger und die Rungen im Inneren.

Alle Wagen laufen auf Drehgestellen der Bauart Y25 mit Schraubenfedern. Die Bremse hat eine stufenlose pneumatische Lastabbremsung. Das Planendach kann mit Hilfe einer 4-Punkt-Zentralverriegelung gesichert werden. Ein Wagen wurde mit einer hydraulischen Planenbetätigung ausgestattet. An den Innenseiten der Stirnwände und am Wagenboden befinden sich Zurrösen.

Die vierachsigen Planenwagen der Bauart Rilns 654 sind 1993 aus der Bauart Rils 652 hervorgegangen. Sie sind 100 mm länger als ihre Vorgänger und haben höhere Lastgrenzen (Rilns 654, 31 80 354 6 423-5, Stuttgart, 12. Juni 2014).

Rmms 662

Vierachsiger Flachwagen

Zwischen 1983 und 1985 beschaffte die DR die Rmms 662 zur Beförderung von Ketten- und Straßenfahrzeugen, aber auch Erzeugnisse der Bauindustrie wie Betonfertigteile, Groß- und Mittelcontainer, Maschinen und Halbfertigwaren der Stahlindustrie wurden mit diesen Wagen befördert. Ansteckbare Seiten- und Stirnborde erlauben den Transport loser Schüttgüter. Insgesamt wurden ca. 1.050 Fahrzeuge vom tschechischen Hersteller Vagónka Poprad geliefert.

Drehgestelle der Bauart 685 (Y25 Cs 2) dienen als Laufwerke. Die Federung erfolgt durch zweistufige Schraubenfedern. Die Vollradsätze laufen in Zylinderrollenlagern. Es ist eine Knorr-Druckluftbremse der Bauart KE-GP vorhanden.

Das Untergestell ist eine Schweißkonstruktion und besteht aus Walz- und Abkantprofilen. Die beiden Außenlangträger sind fischbauchartig ausgeführt und verleihen dem Untergestell so die nötige Stabilität. Wagen mit Handbremse haben eine Übergangsbrücke mit Auftritten. An den Stirnseiten sind klapp- und befahrbare Überfahrklappen montiert, die in hochgeklappter Stellung von zwei verriegelbaren Fallrungen gehalten werden. An jeder Längsseite sind sechs absenkbare Rungen vorhanden. Für den Wagenboden wurden Nadelholzbohlen verwendet. Die Bohlen sind mit dem Untergestell verschraubt und können befahren werden. Über den Radsätzen sind Funkenschutzbleche montiert. Tritte, Griffe, Signalstützen und Seilhaken vervollständigen die Ausstattung.

Bei der DB werden die Rmms 662 überwiegend zur Beförderung schwerer Halbfertigwaren der Stahlindustrie eingesetzt (Rmms 662, 31 80 396 3 112-8, Tamm).

TECHNISCHE DATEN
Länge ü. Puffer: 12.540 mm
Achsstand: 9.300 mm
Ladelänge: 11.140 mm
Ladebreite: 3.150 mm [1]
Ladefläche: 35,5 m²
Lastgrenze CS: 60.500 kg
Eigenmasse: 19.000 kg
Drehgestelle: 865 (Y25 Cs2)
Bremse: KE-GP
Erstes Baujahr: 1983
[1] ohne Rungen

Die Stirnborde lassen sich umklappen und können befahren werden (Rmms 662, Nummer 31 80 396 3 780-2, Vochem).

Rmms 663/664, Remms 665

Vierachsiger Flachwagen

Die Rmms 664 haben eine automatische Lastabbremsung (Rmms 664, 31 80 396 1 632-7).

Die DB stellte 1969/70 mit den 360 Rmms 663 ihre ersten Flachwagen vom UIC-Typ 2 in Dienst. Gleichzeitig beschaffte sie mit den Rmms 664 baugleiche Wagen mit selbsttätiger Lastabbremsung. Von dieser Ausführung entstanden zwischen 1970 und 1976 1.760 Exemplare. Unmittelbar nach dem Ende der Fertigung der Rmms 664 beschaffte die DB 660 Wagen der Bauart Remms 665. Im Gegensatz zu den Vorgängern wurden sie komplett nach den Vorgaben für UIC-Standardwagen gefertigt. Sie haben Bordwände aus Aluminium.

Für die zuerst gebauten Fahrzeuge wurden Drehgestelle der Bauart Minden-Siegen 661 mit rollengelagerten Vollradsätzen, Blattfedern und Rechteckschaken verwendet. Später gelangten Drehgestelle der Bauart Y Cs 25 mit Schraubenfedern zum Einbau. Ab 1997 zeigten die Drehgestelle der Bauart Minden-Siegen Verschleißerscheinungen, deshalb wurden sie gegen Drehgestelle der Bauart 621 (Y25 Lsd 1) ausgetauscht. Die Lastabbremsung der Rmms 663 und Remms 665 muss manuell umgeschaltet werden. Bei den Rmms 664 geschieht dies automatisch.

Das Untergestell besteht aus unterschiedlichen Stahlprofilen und setzt sich aus fischbauchartigen Innenlangträgern, Außenlangträgern sowie Quer- und Pufferträgern zusammen.

Der Fußboden aus Kiefernholzbohlen hat sechs geteilte, klappbare Ladeschwellen. Außer sechs Klapprungen an jeder Längsseite haben die Wagen ebenfalls klappbare Bordwände. Zurrösen, Seilhaken, Tritte und Griffe vervollständigen die Ausstattung.

TECHNISCHE DATEN

- Länge ü. Puffer: 14.040 mm
- Drehzapfenabstand: 9.000 mm
- Ladelänge: 12.644 mm
- Ladebreite: 2.780 mm
- Ladefläche: 36,7 m²
- Lastgrenze CS: 59.000 kg
- Eigenmasse: ca. 10.000 kg
- Drehgestelle: 621, 661.1 (Y25 Cs)
- Bremse
  Rmms 663: KE-GP
  Rmms 664: KE-GP-A
  Remms 665: KE-GP
- Erstes Baujahr
  Rmms 663: 1969
  Rmms 664: 1970
  Remms 665: 1976

Die vierachsigen Flachwagen der Bauart Remms 665 sind die Nachfolger der Bauarten Rmms 663 und 664. Sie unterscheiden sich durch die umlaufenden Bordwände von den Vorgängern (Remms 665, 31 80 394 8 309-0, Koblenz, 2. Juli 2015).

Rs-y 667

Flachwagen für Drahtrollen

Mehr als 60 Rs-y 667 haben Traggestelle zur Beförderung von Drahtrollen (Rs-y 667, Nummer 31 80 391 1 643-5, Würzburg).

Die ab 2004 gebauten Rs-y 667 entstanden aus den Flachwagen der Bauart Res 687. Die Wagen haben Drehgestelle der Bauart Y25 Cs mit geschweißtem H-Rahmen, rollengelagerten Radsätzen und Schraubenfederung. Bei der KE-GP-Druckluftbremse mit zweistufiger, mechanischer und manuell umzustellender Lastabbremsung überträgt ein Bremszylinder seine Kraft auf einfache Bremsklötze.

Das geschweißte Untergestell setzt sich aus einem Fischbauch-Innenlangträger, ebenen Außenlangträgern sowie Quer- und Pufferträgern zusammen. Das Ladegestell besteht aus 13 mit Holz ausgekleideten Lademulden, die durch Zapfen auf dem Wagenboden fixiert sind. Die alten Drehrungen wurden durch neue Doppelrungen ersetzt. Sie sitzen auf Führungsschlitten, sodass sie je nach Breite des Ladeguts in Querrichtung verschoben werden können. Die Doppelrungen sind so hoch, dass zwei Drahtrollen übereinander befördert werden können.

TECHNISCHE DATEN
Länge ü. Puffer: 14.040 mm
Drehzapfenabstand: 14.860 mm
Ladelänge: 18.500 mm
Ladebreite: 2.000 mm
Lastgrenze CS: 53.000 kg
Eigenmasse: 26.500 kg
Drehgestelle: 621.1 (Y25 Cs)
Bremse: KE-GP
Erstes Baujahr: 2004

Das Ladegestell ist mit Zapfen am Wagenboden fixiert und hat 13 mit Holz ausgekleidete Lademulden, in denen die Drahtrollen abgelegt werden (Rs-y 667, 31 80 391 1 563-5, Stuttgart).

Res 675/676/677/678

Flachwagen mit Seitenwänden

Die Res 676 entsprechen den Res 675, weisen aber pro Längsseite neun Seitenwandsegmente auf. Die Aufnahme zeigt den Res 676, 11 80 394 3 884-7, in Würzburg.

TECHNISCHE DATEN
Länge ü. Puffer: 19.900 mm
Drehzapfenabstand: 14.860 mm
Ladelänge: 18.500 mm
Ladebreite: 2.530 mm
Ladefläche: 48,8 m²
Lastgrenze CS: 56.000 kg
Eigenmasse: 23.500 kg
Drehgestelle Res 675: 852 (Y25 Cs2) Res 676, 677: 853 (Y25 Cs) Res 678: 865 (Y25 Cs 2) 867 (Y25 Rs)
Bremse: KE-GP
Erstes Baujahr Res 675: 1975 Res 676: 1976 Res 677: 1977

Mit der Beschaffung der Bauart Res 675 nahm die DR der DDR ab 1975 erstmals vierachsige Flachwagen mit umlaufenden Seitenborden in ihren Bestand. Die Wagen wurden zur Beförderung von Walzwerkerzeugnissen, Industrieausrüstungen, Baufertigteilen, Fahrzeugen, Landmaschinen und ähnlichen Ladegütern eingesetzt. Die Seitenborde ermöglichen aber auch den Transport schwerer Schüttgüter wie Kies, Schotter, Erze oder Bruchsteine. Lieferant der 500 Wagen war der französische Hersteller ANF Industrie. Die Res 676 sind die direkten Nachfolger und unterscheiden sich nur in wenigen Details voneinander. Außer den im RAW Eberswalde gebauten Res 676 stellte die Reichsbahn ähnliche Wagen von Waggonbau Niesky in Dienst. Sie erhielten die Bezeichnung Res 677. Im Laufe der Produktion wurde die Bauart der Drehgestelle gewechselt. Wagen mit den neuen Drehgestellen wurden zur Unterscheidung als Res 678 bezeichnet.

Die Wagen laufen auf Drehgestellen der Standardbauart Y25 Cs und Y25 Rs. Die Bremse gehört zur Bauart KE-GP. Querträger sowie äußere und innere Langträger sind zu einem Untergestell zusammengeschweißt. Die Bordwände werden von Drehrungen an den Außenlangträgern gehalten. An den Stirnseiten sind Fallrungen montiert. Der hölzerne Wagenboden kann befahren werden. Im Boden eingelassene Halteringe sowie Zurrösen an den Drehrungen und an den Außenlangträgern dienen zur Sicherung der Ladegüter gegen Verrutschen.

Durch die Bordwände lassen sich auch lose Schüttgüter auf den Wagen befördern (Res 677, 31 80 394 2 505-8, Stuttgart).

Rs 680, Rps 688

Flachwagen mit Drehrungen

Die vierachsigen Rs 680 wurden von der DB zum Transport langer und schwerer Erzeugnisse der Eisen- und Stahlindustrie Mitte der 1950er-Jahre neu entwickelt. Zwischen Dezember 1992 und Mai 1993 ließ die DB an 75 Wagen für den Transport überlanger Güter die Stirnborde entfernen. Diese Wagen werden als Rps 688 bezeichnet. Sie sind zum Transport von großen Stückgütern wie Holzstämmen, Straßen- und Kettenfahrzeugen im Einsatz. Außerdem wurden sie zur Beförderung von Containern verwendet, solange noch nicht genügend Spezialwagen zur Verfügung standen.

Die Vierachser laufen auf zwei Drehgestellen der Bauart Minden-Dorstfeld 931. Der geschweißte Rahmen aus Stahlprofilen hat eine vollständige Drehpfanne, rollengelagerte Radsätze, Blattfedern und außerdem ein einfaches, langes Federschakengehänge. Die Druckluftbremse Bauart KE-GP arbeitet mit zweistufiger, manuell umschaltbarer Lastabbremsung und einem Bremszylinder. Ein Teil der Wagen ist mit einer Handbremse ausgestattet. Sie kann über eine Kurbel, die sich an der Stirnseite befindet, von einer Bremsbühne aus bedient werden.

Das ebene Rahmenwerk der Brücke setzt sich aus Lang-, Quer- und Pufferträgern zusammen. In der Mitte ist es mit einem räumlichen Sprengwerk ausgesteift.

Die Rs 680 waren die ersten vierachsigen Flachwagen, die die DB ab 1955 neu in ihren Güterwagenpark aufnahm (Rs 680, 11 80 390 5 930-4, Stuttgart-Untertürkheim).

TECHNISCHE DATEN
Länge ü. Puffer: 19.900 mm, 20.000 mm [1]
Drehzapfenabstand: 13.000 mm
Ladelänge: 18.500 mm
Ladebreite: 2.780 mm
Ladefläche: 51 m²
Lastgrenze CS: 48.000 kg
Eigenmasse: 24.000kg
Drehgestelle: 934
Bremse: KE-GP
Erstes Baujahr Rs 680: 1955 Rps 688: 1992
[1] mit Feststellbremse

Acht Paar Drehrungen an den Langträgern verhindern ein Herunterfallen des Ladeguts (Rs 680, 31 80 390 5 916-3, Mühlacker).

Sgns 681/691/692

Vierachsiger Containertragwagen

Die 2009 gebauten Sgns 681 sind die neuesten von der DB beschafften, vierachsigen Tragwagen (Sgns 681, Nummer 31 80 454 3 526-6, Stuttgart).

TECHNISCHE DATEN

- Länge ü. Puffer: 19.740 mm
- Drehzapfenabstand: 14.200 mm
- Ladelänge: 18.400 mm
- Lastgrenze DS: 71.000 kg
- Eigenmasse: 18.800 kg
- Drehgestelle
  Sgns 681: 629.4 (Y25 Lsd)
  Sgns 691: 628 (Y25 Lss)
  628 (Y25 Ls)
  Sgns 692: Y25 R/Lss1
- Bremse: CH-GP-A, KE-GP-A
- Erstes Baujahr
  Sgns 681: 2009
  Sgns 691: 1996
  Sgns 692: 1992

Mitte der 1980er-Jahre konnten die Abmessungen von Wechselbehältern von 7,15 m auf 7,82 m gesteigert werden. Um auch diese Behälter auf der Schiene befördern zu können, benötigte die Bahn neue Wagen. 1987 wurden die ersten Prototypen in Dienst gestellt. 1994 beschaffte die Ahaus-Alstätter Eisenbahn (AAE) eine Serie dieser Wagen. Zu dieser Zeit hatte die DB ähnliche Wagen bei Fervet in Bergamo (Italien) bestellt, deren Auslieferung sich verzögerte. Die DB mietete deshalb 500 Wagen von der AAE an und reihte sie ab 1995 als Sgns 692 ein. Ein Jahr später trafen die ersten Wagen bei der DB ein und wurden als Sgns 691 eingereiht. Seit 2009 ergänzen 565 bei Tatravagónka Poprad gebaute Sgns 681 die Flotte. Während die DB-Wagen verkehrsrot lackiert sind, behielten die AAE-Wagen ihren grauen Anstrich.

Die Sgns 692 haben eine Druckluftbremse der Bauart Charmilles, die DB-Wagen eine Knorr-Bremse. Das Untergestell besteht aus fischbauchartigen Außenlangträgern, Kopfstücken und Querstreben. Klappbare Aufsetzzapfen ermöglichen einen sicheren Stand der Container.

Die Wagen der Bauart Sgns 691 wurden in Italien gebaut und ab 1996 von der DB übernommen (Sgns 691, 31 80 455 6 256-4, München-Pasing).

Rs 684, Rs 685

Vierachsiger Flachwagen

Ende der 1960er-Jahre stellte die DB mit den Rs 683 die ersten Fahrzeuge in Dienst, die dem Typ 1 der UIC-Vorgaben entsprachen. Steigende Geschwindigkeiten erforderten Flachwagen, die auch beladen bis zu 120 km/h schnell fahren konnten. Dafür war eine Bremse mit automatischer Lastabbremsung notwendig. Deshalb wurde die Bauart Rs 684 entwickelt. Sie entspricht der Bauart Rs 683, allerdings mit anderen Drehgestellen und anderer Bremse. Während des Baus der Rs 684 konnte auf Grund neuer Bauvorgaben die Konstruktion der Wagen modernisiert und damit Gewicht eingespart werden. Die neuen Wagen mit der Bezeichnung Rs 685 haben wegen ihres geringeren Eigengewichts höhere Lastgrenzen. 2000 und 2001 wurden bei 14 Wagen die Stirnborde abgebaut. Diese Fahrzeuge sind nun als Rps 685 im Bestand.

Die hier vorgestellten Flachwagen verfügen über Drehgestelle der Bauarten 627 oder 683 mit Schraubenfedern und rollengelagerten Radsätzen. Die Bremse der Bauart KE-GP-A hat eine stufenlose, pneumatische Lastabbremsung und Doppelbremszylinder.

Das geschweißte Untergestell besteht aus fischbauchartigen Innenlangträgern, sowie Außenlang-, Quer- und Pufferträgern. An den Längsseiten haben die Wagen je acht Drehrungen mit Haken zum Verzurren des Ladeguts. Der Fußboden wird aus befahrbaren Holzbohlen gebildet und hat acht geteilte, bewegliche Ladeschwellen. Klappbare Stirnborde verhindern das Verrutschen der Ladung. Für das Personal sind Haltegriffe und Tritte montiert.

Sind die seitlichen Drehrungen abgeklappt, können die Wagen auch Güter befördern, die die Ladebreite überschreiten (Rs 684, 11 80 390 7 109-3, Tamm).

TECHNISCHE DATEN
Länge ü. Puffer: 19.900 mm
Drehzapfenabstand: 14.860 mm
Ladelänge: 18.500 mm
Ladebreite: 2.774 mm
Ladefläche: 51,3 m^2
Lastgrenze CS Rs 684: 56.000 kg Rs 685: 57.000 kg
Eigenmasse: Rs 684: 25.300 kg Rs 685: 22.800 kg
Drehgestelle: 627 (Y25 Cs), 683 (Y25 Lsd1)
Bremse: KE-GP-A
Erstes Baujahr Rs 684: 1970 Rs 685: 1971

Die Rs 685 sind die direkten Nachfolger der Rs 684. Sie wurden aber nur in 430 Exemplaren gebaut (Rs 685, 11 80 391 3 298-6, Würzburg).

Res 686, Res 687

Vierachsiger Flachwagen

Für den Transport von Briketts erhielten einige Wagen wie der Res 686, 31 80 393 6 730-1, erhöhte Stirnwände. Die Aufnahme entstand in Stuttgart-Münster.

TECHNISCHE DATEN
Länge ü. Puffer: 19.900 mm
Drehzapfenabstand: 14.860 mm
Ladelänge: 18.500 mm
Ladebreite: 2.650 mm
Ladefläche: 49 m²
Lastgrenze CS: 56.000 kg
Eigenmasse: 23.700 kg
Drehgestelle 664 Res 686: 627 (Y25 Cs) 683 (Y25 Lsd) Res 687: 621 (Y25 Cs)
Bremse: KE-GP
Erstes Baujahr Res 686: 1975 Res 687: 1979

Nach den Flachwagen Bauart Rs 685 stellte die DB ab 1979 die Nachfolger der Bauart Res 686 in Dienst. Die ab 1975 von der DB beschafften Fahrzeuge sind eine Gemeinschaftsentwicklung von MAN und den Jenbacher-Werken in Österreich. Nach einem Prototypwagen entstanden bei Linke-Hofmann-Busch (LHB) und der Maschinenfabrik Augsburg-Nürnberg (MAN) 550 Wagen. Einige Wagen haben erhöhte Stirnbordwände für die Beförderung palettierter Briketts und ähnlicher Güter. Als Nachfolger wurden 4.350 Res 687 produziert. Auch hier sind einige Wagen mit erhöhten Stirnbordwänden ausgestattet.

Die Drehgestelle der Bauart Y25 Cs haben rollengelagerte Radsätze und Schraubenfedern. Bei der KE-GP-Druckluftbremse wurde auf die automatische Lastabbremsung verzichtet. Ein Teil der Wagen hat eine Feststellbremse, die vom Boden aus bedient werden kann.

Das Untergestell ist geschweißt und besteht aus einem Fischbauch-Innenlangträger, ebenen Außenlangträgern sowie Quer- und Pufferträgern.

Acht Drehrungen pro Längsseite halten die stählernen, klappbaren Borde in senkrechter Stellung. Die beiden Stirnborde werden durch Fallrungen gestützt. Sind die Borde abgeklappt, wird bei den Wagen das Lademaß überschritten.

Bei den Res 686 sind die Bordwände aus Aluminium gefertigt, bei den Res 687 wurde dafür Stahl verwendet (Res 687, 31 80 394 0 968-1, Karlsruhe, 13. März 2014).

Sgk(k)ms(s) 698

Tragwagen für High-Cube-Behälter

Mit den vierachsigen Tieflade-Tragwagen Sgkkms 698 können auch „High-Cube“-Behälter befördert werden (Sgkkms 698, 31 80 452 3 201-0, Würzburg).

Die Sgkkms 698 dienen zur Beförderung sogenannter High-Cube-Wechselbehälter mit einer Innenhöhe von 3.000 mm. Die ersten, von Graaff in Elze gebauten Wagen liefen 1998 auf den Gleisen der DB. 2006 waren 200 „s“-fähige Wagen (beladen 100 km/h) und 140 „ss“-fähige Wagen (beladen 120 km/h) im Bestand. Sie kamen von Graaff und den DB-Werken in Leipzig und Paderborn.

Die Drehgestelle sind keine Neubauten. Sie stammen von ausgemusterten Sdgkms 707. Sie gehören zur Bauart 707 und entsprechen in ihrem Aufbau den französischen Drehgestellen der Bauart Y 31 Cs. Sie bestehen aus einem geschweißten H-Rahmen mit Schraubenfedern, rollengelagerten Radsätzen und einer vollständigen Drehpfanne. Die Bremsanlage der Bauart Knorr KE-GP-A hat eine automatische Lastabbremsung. Vier Bremszylinder übertragen ihre Bremskraft auf die Bremsklötze.

Die Schraubenkupplungen und Seitenpuffer an den erhöhten Kopfträgern ermöglichen das Kuppeln mit anderen Bauarten.

Die Schweißkonstruktion des Untergestells besteht aus Baustahl und hat zur Beförderung von Containern und Wechselbehältern 16 teils feste, teils klappbare Aufsetzzapfen. Die Wagen können auch mit Tragrahmen für Wechselpritschen ausgerüstet werden.

TECHNISCHE DATEN

- Länge ü. Puffer: 19.130 mm
- Drehzapfenabstand: 13.490 mm
- Ladelänge: 15.890 mm
- Ladebreite: 2.600 mm
- Lastgrenze CS: 46.000 kg
- Eigenmasse: 18.000 kg
- Drehgestelle: 707, 707.1
- Bremse: KE-GP-A
- Erstes Baujahr: 1997

Spezielle Tragrahmen ermöglichen auch die Beförderung von LKW-Wechselaufbauten (Sgkkmss 698, 31 80 452 3 393-5, Stuttgart-Untertürkheim, 23. September 2014).

Sgjkkmms(s) 699

Vierachsiger Containertragwagen

Die Tragwagen der Bauart Sgjkkmms(s) 699 für Container und Wechselaufbauten sollten ab Mitte der 1970er-Jahre die zweiachsigen Tragwagen der DB ablösen (Sgjkkmms 699, 31 80 451 5 554-2, Würzburg).

TECHNISCHE DATEN

- Länge ü. Puffer: 16.940 mm
- Drehzapfenabstand: 11.300 mm
- Ladelänge: 14.600 mm
- Lastgrenze CS: 46.000 kg
- Eigenmasse: 17.300 kg
- Drehgestelle: 631 (Y 31 Cs)
- Bremse: KE-GP-A
- Erstes Baujahr: 1979

Mitte der 1970er-Jahre begann die DB mit der Entwicklung reiner Containertragwagen. Sie projektierte Wagen mit und ohne Stoßverzehreinrichtung. Die Tragwagen, die bis zu diesem Zeitpunkt im Bestand waren, basierten auf vorhandenen vierachsigen Flachwagen und wiesen für den Containerverkehr ungünstige Merkmale auf. Dazu kam, dass in Zukunft alle Tragwagen mit einer automatischen Mittelpufferkupplung ausrüstbar sein mussten. 1977 entwickelte das Bundesbahn-Zentralamt in Minden zusammen mit der Talbot in Aachen die Sgjkkmms(s) 699 und vergab einen Auftrag über acht Prototypen an Talbot. Nach dem Abschluss der Untersuchungen begann 1981 die Serienfertigung der mehr als 1.280 Wagen.

Als Laufwerke wurden Drehgestelle der Bauart Y 31 Cs mit rollengelagerten Radsätzen und Schraubenfeder verwendet. Die Druckluftbremse der Bauart KE-GP-A hat eine automatische Lastabbremsung.

Für das Untergestell wurden Walz- und Abkantprofile genutzt. Das Untergestell der ersten Wagen ist oben mit Blechplatten verkleidet. Später wurde auf die Verkleidung verzichtet.

Die Sgjkkmms 699 haben zum Schutz der Ladung einen Langhubstoßdämpfer durch den sich die Pufferbohlen gegen das Untergestell verschieben können (Sgjkkmms 699, 31 80 451 6 160-7, Stuttgart).

Sdgkms 707

Vierachsiger Taschenwagen

Mit den Taschenwagen Bauart Sdgkms 707 ersparen sich die Spediteure das Umladen der Güter vom Sattelauflieger auf einen Güterwagen (Sdgkms 707, 31 80 450 9 771-0, München-Pasing).

Zur Beförderung von Sattelaufliegern und Wechselbehältern beschaffte die DB Anfang der 1970er-Jahre die Einheits-Taschenwagen Sdgkms 707. Die Wagen entsprechen den internationalen Vorgaben des UIC-Merkblatts 571-4 und können somit auch im Ausland freizügig eingesetzt werden. 1971 beauftragte die DB Talbot in Aachen mit der Entwicklung und 1972 lieferte Talbot ein erstes Exemplar. Nach der Erprobung des Baumusters entschied sich die DB zur Serienbeschaffung und stellte weitere 700 Wagen in Dienst. Die Wagen sind so ausgelegt, dass sie beladen 120 km/h schnell fahren können, um aber den Unterhaltungsaufwand zu verringern, werden sie nur bis 100 km/h eingesetzt.

Die Drehgestelle der Bauart 707 entsprechen ungefähr der französischen Bauart Y 31, unterscheiden sich aber durch die Ausführung der Radsätze und der Lager von der Ursprungsbauart. Auch die Federung und die Dämpfung wurden modifiziert. Die automatische, lastabhängige Druckluft-Bremse Bauart KE-GP-A ist mit zwei Bremszylindern in jedem Drehgestell ausgestattet. Die in einem Drehgestell eingebaute und vom Boden aus bedienbare Feststellbremse legt dieses Drehgestell fest.

Für die hinteren Radsätze der Sattelauflieger ist die Ladefläche zwischen den Drehgestellen in einer Wagenhälfte als Tasche ausgebildet. Die Tasche wird von drei Querträgern unterstützt, die so angeordnet sind, dass sie als feste Radvorleger dienen können. Dazu sind sie oben kreisbogenförmig ausgeführt, sodass die Reifen der Sattelauflieger direkt eingepasst werden können. Zusätzlich gibt es verschiebbare Radvorleger, die die Auflieger gegen ein Wegrollen sichern. Werden die Vorleger nicht benötigt, lassen sie sich zur Seite wegklappen. Führungsbleche an den Ecken der Tasche und an der Vorderseite der festen Radvorleger sorgen dafür, dass die Auflieger beim Verladen genau in den Reifenmulden zu stehen kommen. Am anderen Ende befindet sich ein verschiebbarer Stützbock, der die Sattelplatte und den Sattelzapfen der Auflieger trägt. Zur Aufnahme von Wechselbehältern sind umklappbare Aufsetzzapfen montiert.

TECHNISCHE DATEN
Länge ü. Puffer: 16.440 mm
Drehzapfenabstand: 11.200 mm
Ladelänge: 14.600 mm
Taschenlänge: 7.950 mm
Ladebreite: 2.500 mm
Lastgrenze CS: 37.000 kg
Eigenmasse: 16.000 kg
Drehgestelle: 707, 707.1
Bremse: KE-GP-A (K)
Erstes Baujahr: 1973

Shimmns(-t, -u, -tu) 708

Haubenwagen für Coils

Die beweglichen Dachhauben der Shimmns 708 schützen die Coils vor Witterungseinflüssen (Shimmns 708, 31 80 467 6465-6, Bremen Hbf.).

TECHNISCHE DATEN
Länge ü. Puffer: 12.040 mm
Drehzapfenabstand: 7.000 mm
Ladelänge: 10.800 mm
Ladebreite: 2.400 mm
Lastgrenze D4S: 67.000 kg
Eigenmasse: 22.500 kg
Drehgestelle: 652, 665
Bremse: KE-GP
Erstes Baujahr: 1976

Der Transport von gewalzten Blechrollen (Coils) stellt ein erhebliches Güteraufkommen bei der DB dar. Hierfür stellte sie die Bauart Shimmns 708 in Dienst. 1976 entstand ein erster Prototyp. Zwei Jahre später begann die Serienfertigung. Bis 1993 wurden 2.681 Wagen gebaut. Auch die DR entschloss sich Anfang der 1990er-Jahre zur Beschaffung solcher Fahrzeuge. Die Waggonbau Dessau lieferte 240 Exemplare.

Drei verschiedene Drehgestellbauarten kamen zur Anwendung. Der Prototyp verfügt über solche der Bauart 681. Serienfahrzeuge bis zum Baujahr 1985 laufen auf Drehgestellen der Bauart 665, danach wurde die Bauart 652 verwendet.

Das geschweißte Untergestell aus Walz- und Blechprofilen bildet fünf unterschiedlich große Lademulden. Drei verschiebbare Hauben decken den Laderaum ab. Deren Rahmen in Aluminium-Leichtbauweise ist mit Blechen verkleidet. Die Hauben laufen auf nadelgelagerten Doppelrollen und müssen manuell verschoben werden. Ab 2002 wurden bei 1.000 Wagen die alten Aluminium-Hauben abgebaut und gegen eine einteilige Planenhaube ausgetauscht. Dabei bekamen die Wagen auch den aktuellen verkehrsroten Anstrich.

Der Shimmns-ttu 708 mit der Nummer 31 80 467 6 337-7 ist ein Wagen bei dem die drei Aluminium-Hauben durch eine Planenhaube ersetzt wurden (Böblingen, 4. August 2016).

Sa(h)mms 709, Samms(-t) 710

Sechsachsiger Schwerlastwagen

Der Samms 709 mit der Nummer 31 80 485 8 559-6 ist mit einem Traggerüst für sechs Schuttmulden ausgestattet. Am 23. August 2016 wartet er in Böblingen auf Weiterfahrt.

Zwischen 1963 und 1977 beschaffte die DB die Samms 710, um die schon 1942 in Dienst gestellten Sammp 705 zu ersetzen. Für den Transport von Blechrollen erhielten zwischen 1970 und 1977 ca. 940 Fahrzeuge spezielle Transportgestelle. Die Samms 709 sind die direkten Nachfolger der Samms 710 und werden für dieselben Aufgaben herangezogen. Zwischen 1981 und 1987 wurde ein Teil der Samms 709 ebenfalls mit einem Transportgerüst zur Beförderung von Coils ausgestattet. Ab 1974 beschaffte die DB mit den Sahmms 711 erstmals offene Tragwagen mit sieben fest in die Wagenbrücke integrierten Lademulden für den Coiltransport. Damit auch Brammen befördert werden können, sind die oberen Enden der Tragmulden als flache Ladeschwellen ausgeführt.

Die Wagen laufen auf dreiachsigen Drehgestellen der Bauart 710 mit geschweißten Rahmen. Sie haben rollengelagerte Radsätze, achtlagige Trapezfedern und Langschaken. Die Knorr-Druckluftbremse hat zwei Bremsgestängesteller und zwei Lastwechselkästen. Zusätzlich wurde eine Feststellbremse eingebaut.

Das geschweißte Untergestell besteht aus einer Rahmenkonstruktion mit fischbauchartigen Langträgern. Der Fußboden aus Holzbrettern kann befahren werden. Es lassen sich zwölf Rungen einstecken.

TECHNISCHE DATEN
Länge ü. Puffer: 16.400 mm
Drehzapfenabstand: 8.400 mm
Ladelänge: 15.000 mm
Ladebreite zwischen den Rungen: 2.560 mm
Lastgrenze DS: 74.000 kg
Eigenmasse: 31.000 kg–35.400 kg
Drehgestelle Samms 709: 711.5, 713 Samms 710: 710.0, 710.1
Bremse: KE-GP
Erstes Baujahr Samms 709: 1976 Samms 710: 1963

Besonders sehr schwere Güter wie Halbfertigprodukte aus der Stahlindustrie werden auf den sechsachsigen Flachwagen der Bauart Samms 709 und 710 transportiert (Samms 710, 31 80 486 1 487-5, Böblingen).

Sgjs 712

Vierachsiger Containertragwagen

Die vierachsigen Flachwagen der Bauart Sgjs 712 dienen zur Beförderung unterschiedlich langer Container. Die Aufnahme zeigt den Sgjs 712 mit der Nummer 31 80 453 9 384-6 in Stuttgart-Münster.

TECHNISCHE DATEN
Länge ü. Puffer: 21.000 mm
Drehzapfenabstand: 15.800 mm
Ladelänge: 18.400 mm
Lastgrenze CS: 56.500 kg
Eigenmasse: 23.400 kg
Drehgestelle: 625 (Y25 Css)
Bremse: KE-GP-A
Erstes Baujahr: 1976

Seit den 1970er-Jahren befasste sich die DB mit der Entwicklung eines vierachsigen Containertragwagens mit einer Bodenhöhe von 1.175 mm und der Möglichkeit, eine Stoßdämpfung und eine automatische Kupplung einbauen zu können. An der Entwicklung beteiligten sich Linke-Hofman-Busch (LHB), die Waggon Union (WU) und Talbot. 1976 wurde ein erster Prototyp gebaut. 1979 begann die Serienlieferung der 1.300 Fahrzeuge, die sich bis 1987 erstreckte.

Die geschweißten Drehgestelle der Bauart Y25 Css haben einen Achsstand von 1.800 mm, eine vollständige Drehpfanne und zweistufig lineare Schraubenfedern. Die Knorr-Druckluftbremse der Bauart KE-GP-A hat eine automatische Lastabbremsung, zwei Bremszylinder und Doppelbremsklötze.

In das geschweißte Untergestell ist ein hydraulischer Langhub-Stoßdämpfer integriert, der eine Beschädigung des Ladeguts bei Aufstößen verhindern soll. Der Fußboden ist mit Blechplatten belegt, die von Gabelstaplern befahren werden können. Die Container werden durch 20 klappbare Aufsetzzapfen arretiert. So können Container unterschiedlicher Längen aufgesetzt werden. An jedem Ende ist ein Rangierertritt mit absenkbarem Haltegriff montiert. Außerdem sind hier Signalstützen.

Sechzehn klappbare Aufsetzzapfen sorgen für eine sichere Verankerung der Container auf der Ladefläche. In einen Güterzug eingereiht steht der Sgjs 712, 31 80 453 6 729-5, in Würzburg Hbf.

Sggmrs 714/715

Containertragwageneinheit

Weil Tragwagen meist in Ganz- oder Blockzüge eingestellt werden, entschied sich die DB zur Beschaffung der zweigliedrigen Sggmrs 715 (Sggmrs 715, 31 80 495 3 501-2, Stuttgart-Ebitzweg).

Containertragwagen werden meist in Ganz- oder Blockzügen eingesetzt. Deshalb ließ die DB Mitte der 1980er-Jahre die zweiteiligen Gelenktragwagen Sggmrs 715 entwickeln. Dadurch konnte ein Drehgestell eingespart werden, denn die Hälften stützen sich in der Mitte auf ein gemeinsames Jakobsdrehgestell ab. Dies vermindert das Eigengewicht und den Unterhaltungsaufwand gegenüber zwei Einzelwagen. 1987 lieferte die Waggon Union in Berlin einen ersten Prototypen. Ein Jahr später wurden 300 Fahrzeuge gebaut. Weil sich die Wagen bewährten, folgte 1991 bis 1994 die Beschaffung von weiteren 1.250 Einheiten. Die zunächst als Sggnos 715.91 bezeichneten Wagen unterscheiden sich in der Konstruktion des Gelenks und in ihrer Lackierung von den WU-Wagen.

Drei Drehgestelle der Bauart Y25 Lssd bilden das Laufwerk. Sie bestehen aus einem H-Rahmen mit Kopfstücken, Schraubenfedern und vollständiger Drehpfanne. Die Knorr-Druckluft-Klotzbremse der Bauart KE-GP-A arbeitet mit automatischer Lastabbremsung. Jede Wagenhälfte verfügt über eine eigene Bremsanlage. Teilweise sind die Wagen mit einer Feststellbremse ausgestattet.

Das verwindungsweiche Untergestell besteht aus Walz- und Blechprofilen. Die Verbindung der beiden Wagenhälften stellt ein Gelenklager mit seitlichen Gleitstücken her. Zur Arretierung der Container sind auf den Außenlangträgern 26 klappbare Aufsetzzapfen montiert.

TECHNISCHE DATEN
Länge ü. Puffer: 33.940 mm
Drehzapfenabstand: 2 x 14.200 mm
Ladelänge: 2 x 16.100 mm
Lastgrenze DS: 104.000 kg
Eigenmasse: 31.000 kg
Drehgestelle: 626 (Y25 Lss)
Bremse: 2 x KE-GP-A
Erstes Baujahr Sggmrs 714: 1997 Sggmrs 715: 1988

Wegen der verstellbaren Aufsetzzapfen können Container unterschiedlicher Längen transportiert werden (Sggmrs 715, 31 80 495 4 103-6, Würzburg).

Shimmns-tu 718/720, Shimmns-ttu 722/723/724

Planenwagen für Coils

Das einteilige Planendach schützt bei den Wagen der Bauart Shimmns-ttu 722 die Coils vor Witterungseinflüssen (Shimmns-ttu 722, Nummer 31 80 467 5 473-1, Cossebaude).

TECHNISCHE DATEN

- Länge ü. Puffer: 12.040 mm
- Drehzapfenabstand: 7.000 mm
- Ladelänge: 10.800 mm
- Ladebreite: 2.400 mm
- Lastgrenze D4S: 66.000 kg
- Eigenmasse: 21.600 kg
- Drehgestelle: 624, 626 (Y25 Lss) 628, 629 (Y25 Lsd1)
- Bremse: KE-GP-A
- Erstes Baujahr Shimmns-tu 718: 1998 Shimmns-tu 720: 2008 Shimmns-ttu 722: 2002 Shimmns-ttu 723: 2002 Shimmns-ttu 724: 2009

Weil die Shimmns 708 die Nachfrage nach Wagen für Coils nicht decken konnten, beschaffte die DB ab 1996 weitere Wagen für diese Aufgabe. Hauptunterschied zu den Vorgängern ist die einteilige Planenabdeckung, die die drei Stahlhauben ersetzt. Zuerst entstanden die Neubauwagen Shimmns-tu 718. Ab 2002 überarbeitete die DB die Shimmns 708 und ersetzte ihre Hauben durch eine Plane. Die Umbauwagen werden als Shimmns-ttu 722 bezeichnet. Danach entstanden weitere Wagen, die die DB als Shimmns-ttu 723 und Shimmns-tu 720 übernahm. 2009 folgten als letzte die Shimmns-ttu 724.

Die Wagen sind mit Drehgestellen der Bauart Y25 Ls ausgestattet. Das Untergestell in Rahmenbauweise ist aus Walz- und Blechprofilen gefertigt. Der Kasten besteht aus zwei Stirnwänden. Das Planendach mit Spriegeln steht auf Rollen. Um ein Abheben zu verhindern, greifen die Laufwagen unter die Laufschienen. Damit sich die Plane beim Öffnen nicht nach innen faltet, wurde zwischen den Spriegeln ein bewegliches Gestänge angebracht.

Zwischen 2009 und 2011 nahm die DB als vorläufig letzte Planenwagenbauart 350 Exemplare der Shimmns-ttu 724 in Betrieb (Shimmns-ttu 724, 31 80 468 0 334-8, Stuttgart).

Snps(-x) 719

Flachwagen mit festen Rungen

Die Flachwagen der Bauart Snps 719 wurden für die Beförderung von Stamm- und Schnittholz, aber auch von Rohren in Dienst gestellt (Snps 719, Nummer 37 80 472 3 731-8, Böblingen, 25. August 2016).

TECHNISCHE DATEN
Länge ü. Puffer: 20.840 mm
Drehzapfenabstand: 15.900 mm
Ladelänge: 19.000 mm
Ladebreite: 2.723 mm
Ladefläche: 51,7 m²
Lastgrenze DS: 63.000 kg
Eigenmasse: 27.000 kg
Drehgestelle: 665
Bremse: KE-GP
Erstes Baujahr: 1977

Die Deutsche Bundesbahn stellte in den Jahren 1977 und 1978 die ersten beiden Prototypen eines vierachsigen Flachwagens mit Rungen zum Transport langer Güter in Dienst. Nach Untersuchungen begann zwei Jahre später die Serienbeschaffung, die 1982 nach 1.960 gebauten Wagen endete. Hersteller der 20.840 mm langen Fahrzeuge war die Waggon Union in Berlin. Die DB wies den Wagen die Bezeichnung Snps 719 zu.

Die Flachwagen laufen auf Drehgestellen der Bauart 665 mit rollengelagerten Vollradsätzen und fünflagigen Parabelfedern mit Trapezschaken. Die Bremse der Bauart KE-GP hat einen Bremszylinder, der die einfachen Bremsklötze bewegt. Die Umstellung des zweistufigen Lastwechsels muss manuell erfolgen.

Die Langträger werden durch zwei Hauptquerträger, sechs Zwischenquerträger und die beiden Pufferträger zu einem Untergestell zusammengefügt. Um die Stabilität zu erhöhen, sind die Außenlangträger fischbauchartig nach unten gezogen. Das Untergestell ist mit einem Fußboden aus gelochten Stahlblechen abgedeckt. Zur Auflage des Ladeguts dienen acht fest verlegte Ladeschwellen. Die acht Paar Doppelrungen sind abschraubbar und innen beschichtet, um Beschädigungen des Ladegutes zu vermeiden. Sie haben eine manuell zu bedienende Spanneinrichtung mit kunststoffummantelten Flachstahlseilen.1998 rüstete die DB 700 Wagen mit Holzleisten an den Innenseiten der Rungen aus.

Inzwischen sind zahlreiche Snps 719 an DB Schenker Nieten übergegangen, tragen das Halterkürzel D-DBSNI und die Austauschkennziffer 37 (Snps 719, 37 80 472 3 357-1, Stuttgart-Untertürkheim, 6. Dezember 2015).

Slps-u 725

Transportwagen für Blechtafeln

Die DB stellte ab 2001 die Transportwagen Slps-u 725 in Dienst und löste damit Ss-u 694 ab (Slps-u 725, 31 80 472 6 111-6, Neuwied).

TECHNISCHE DATEN
Länge ü. Puffer: 22.040 mm
Drehzapfenabstand: 17.000 mm
Ladelänge: 19.030 mm
Ladebreite: 2.850 mm–5.500 mm
Lastgrenze DS: 57.500 kg
Eigenmasse: 32.300 kg
Drehgestelle: 646.1, 646.2
Bremse: KE-GP-A
Erstes Baujahr: 2001

Nach Wünschen der Metallindustrie stellte die DB zur Beförderung großer Metallplatten ab 2001 die Slps-u 725 in Dienst. Die 150 Fahrzeuge wurden von Wagon Swidnica in Polen gebaut.

Für die Slps-u 725 wurden Drehgestelle der Bauart 646 verwendet. Die Federung übernehmen 4+1-lagige Parabelfedern mit einfachen Rechteckschaken. Die Bremse hat eine automatische Lastabbremsung. Ein Bremszylinder wirkt auf die liegenden Samson-Doppelbremsklötze.

Das geschweißte Untergestell besteht aus einem in der Mitte angeordneten hohlen Langträger. Die Tragkonstruktion für die Ladegerüste ist fest mit diesem Langträger verbunden.

Die maximal 6.000 mm langen Bleche können auf drei Ladegerüsten befestigt werden. Die Gerüste an den Wagenenden lassen sich bis zu einer Neigung von 50° verstellen. Das Mittelgerüst kann sogar um 60° geschwenkt werden. Damit unterschiedlich breite Bleche befördert werden können, haben die Profile, auf denen die Platten aufliegen, in der Breite verstellbare Schubriegel mit Halteklauen, Spanngurten und Spannwinden. Ein Kantenschutz verhindert die Beschädigung der Platten. Längskräfte werden durch kurze Stirnrungen aufgenommen.

Die Hydraulik zum Bewegen der Gerüste besteht aus Hubzylindern, die zwischen Untergestell und Ladegerüst angeordnet sind. Außerdem gehören ein Pumpen-Aggregat mit Ölbehälter und Elektroantrieb, ein Sicherheitsventil und drei Handsteuerventile dazu.

Halteklauen, Spannbänder und kurze Rungen an den Stirnseiten der Ladegestelle sichern die Blechplatten gegen ein unbeabsichtigtes Verschieben.

Sns 727

Flachwagen mit festen Rungen

2001 fertigte Greenbrier Europe Wagony Swindica in Polen 209 vierachsige Flachwagen mit Doppelrungen, die die DB als Sns 727 in ihren Bestand einreihte (Sns 727, Nummer 81 80 471 2 197-0, Köln-Gremberg).

Für die Beförderung von Rohren oder ähnlichen Gütern wie Langholz oder Profilstähle beschaffte die Deutsche Bahn AG im Jahr 2001 die Sns 727 mit Doppelrungen. Hersteller der 209 Fahrzeuge war Greenbrier Europe Wagony Swindica in Polen.

Als Laufwerk wählte der Hersteller Drehgestelle vom Typ Y25 Lsd 1. Die Bauart 629 hat ein Wiegenventil, bei der Bauart 628 wurde darauf verzichtet. Die Wagen sind mit einer Druckluftbremse der Bauart Knorr KE-GP-A mit automatischer Lastabbremsung ausgestattet. Eine elektropneumatische EP-Bremse kann nachgerüstet werden.

Das Untergestell setzt sich aus den beiden fischbauchartig nach unten ausgeformten Außenlangträgern, den Hauptquerträgern, weiteren Querträgern und den Untergestell-Endteilen mit Vorbauten zusammen.

Die acht Paar stählernen Doppelrungen bestehen aus je zwei Rungenfüßen, an denen I-Profile als eigentliche Rungen angeschweißt sind. Die Innenseiten der Rungen sind mit Leisten aus Schichtholz belegt, um Beschädigungen am Ladegut zu vermeiden. An den Stirnseiten verhindern Stirnwandklappen ein Verrutschen der Ladung. Sie werden durch Fallrungen in senkrechter Stellung gehalten. Um das Ladegut zu sichern, hat jedes Rungenpaar eine Niederbindeeinrichtung. Auf einer Längsseite befinden sich Spannbänder mit Spann- und Sicherungseinrichtungen unter den Rungen. Die Spannbänder sind mit einem elastischen Werkstoff ummantelt. Auf der anderen Seite haben die Rungen Haken, an denen die Spannbänder eingehängt werden können.

TECHNISCHE DATEN

- Länge ü. Puffer: 20.440 mm
- Drehzapfenabstand: 14.140 mm
- Ladelänge: 19.098 mm
- Ladebreite: 2.850 mm
- Ladefläche: 54,4 m^2
- Lastgrenze DS: 63.500 kg
- Eigenmasse: 26.500 kg
- Drehgestelle: 628, 629 (Y25 Lsd1)
- Bremse: KE-GP-A
- Erstes Baujahr: 2001

Die acht Doppelrungenpaare sind fest mit dem stabilen Fischbauch-Langträger verbunden und können nicht umgelegt werden (Sns 727, Nummer 81 80 471 2 067-5, Koblenz, 2. Juli 2015).

Sfhimmns 732

Fährboot-Planenwagen für Coils

Die blauen Sfhimmns 732 gehören GE-Rail. Sie wurden von der DB nur angemietet. Die Aufnahme zeigt den Sfhimmns 732 mit der Nummer 31 80 466 7 092-9 in Dresden.

TECHNISCHE DATEN
Länge ü. Puffer: 12.820 mm
Drehzapfenabstand: 7.785 mm
Ladebreite: 2.260 mm
Lastgrenze D4S: 68.500 kg
Eigenmasse: 21.500 kg
Drehgestelle: Y25 Ls 1
Bremse: KE-GP-A (K)
Erstes Baujahr: 2009

Damit Coils ohne Umladen auf Bahnen mit kleinerem Lichtraumprofil übergehen können, mietete die DB 200 fährbootfähige Sfhimmns 732 von GE Capital Rail Services an, die dem kleineren englischen Lichtraumprofil entsprechen. Die Wagen entstanden ab 2009 bei der rumänischen Waggonbaufirma Romvag Caracal, sind blau lackiert und haben eine ebenfalls blaue Plane.

Für die Wagen wählte der Hersteller die Drehgestell-Bauart Y25 Ls1. Sie hat Schraubenfedern und eine vollständige Drehpfanne. Die Druckluftbremse gehört zur Bauart KE-GP-A (K) mit automatischem Lastwechsel und ist mit Komposit-Bremssohlen ausgestattet, die die Geräuschentwicklung beim Bremsen verringern sollen.

Das Untergestell besteht aus fischbauchartig nach unten ausgeformten Langträgern, die durch Quer- und Kopfträger verbunden sind. Oben hat es fünf unterschiedlich große Lademulden, in denen die Coils mit Haltearmen festgelegt werden können. Der Aufbau besteht aus den beiden festen Stirnwänden und einer einteiligen PVC-Plane, die von fahrbaren Rohrrahmen getragen wird. Die Plane wird an den beiden Stirnwänden mit Haken manuell verriegelt.

Die Wagen entsprechen dem kleineren, englischen Lichtraumprofil und können so zwischen der Insel und dem Festland eingesetzt werden Sfhimmns 732, Nummer 31 80 466 7 063-0, Troisdorf).

Sggrss 733, Sggrs 757

Zweiteiliger Containertragwagen

2007 kaufte die DB 240 zweiteilige Containertragwagen, die sie als Sggrss 733 einreihte. Die Aufnahme zeigt den Wagen 31 80 496 0 145-9 in Würzburg.

Weil die DB ihren Bedarf an Tragwagen für Container und Wechselaufbauten nicht selbst decken kann, mietet sie immer wieder solche Wagen an. Dazu gehören auch die 300 Sggrs 757, die die AAE 2007 beim tschechischen Waggonbauer LOSTR in Louny geordert hat. Gleichzeitig beschaffte die DB beim gleichen Hersteller eigene Wagen, die sie als Sggrss 733 in den Bestand aufnahm.

Das Laufwerk der zweiteiligen Wagen besteht aus zwei End- und einem Mittel-Jakobsdrehgestell, die alle zur Bauart Y25 gehören. In den Doppelwagen sind zwei getrennte Bremsanlagen eingebaut.

An den Fischbauch-Langträgern des Untergestells sind klappbare Aufsetzzapfen montiert, sodass Container unterschiedlicher Längen transportiert werden können. Klappbare Handgriffe und Auftritte an den Enden und in der Mitte der Wagen ergänzen die Ausstattung.

TECHNISCHE DATEN
Länge ü. Puffer: 26.700 mm
Drehzapfenabstand: 2 x 10.580 mm
Ladelänge: 2 x 12.250 mm
Lastgrenze DS: 107.000 kg
Eigenmasse: 28.000 kg
Drehgestelle: 999.1 (Y25 Lssd)
Bremse: KE-GP-A
Erstes Baujahr: 2007

Die DB hat die Tragwagen der Bauart Sggrs 757 bei der AAE angemietet. Deshalb haben die Wagen einen grauen Anstrich (Sggrs 757, 31 80 495 0 185-7).

Sgnss 735

Vierachsiger Containertragwagen

Die Sgnss 735 wurden von der DB nur angemietet. Sie gehören der AAE (Sgnss 735, Nummer 35 80 455 2 547-0, Stuttgart, 11. April 2014).

TECHNISCHE DATEN

- Länge ü. Puffer: 19.740 mm
- Drehzapfenabstand: 14.200 mm
- Ladelänge: 18.500 mm
- Lastgrenze DS: 70.000 kg
- Eigenmasse: 19.700 kg
- Drehgestelle: Y25 Lssd
- Bremse: CH-GP-A, DE-GP-A, KE-GP-A
- Erstes Baujahr: 2001

Um die Jahrtausendwende beschaffte die Ahaus-Alstätter Eisenbahn GmbH (AAE) bei der tschechischen Waggonfabrik Thrall Vagonka Studénka, a.s. (TVS) vierachsige Tragwagen für Container und Wechselaufbauten. Sie reihte die seidengrau (RAL 7044) lackierten Wagen als Sgnss 60 ein. Seit 2001 mietet die DB je nach Bedarf unterschiedlich viele dieser Wagen längerfristig an und setzt sie als Sgnss 735 ein.

Die Tragwagen laufen auf Drehgestellen der Bauart Y25 Lss. Mit ihren rollengelagerten Radsätzen, den Schraubenfedern und dem automatischen Lastwechsel der Bremse ist eine Höchstgeschwindigkeit von 120 km/h auch für beladene Wagen erlaubt. Die beiden Zylinder der Knorr-Druckluftbremse Bauart KE-GP-A übertragen ihre Kraft auf die Bremsklötze. Dabei wird die Bremskraft für jedes Drehgestell einzeln gesteuert.

Die beiden unten fischbauchartig zulaufenden Langträger des Untergestells sind über die Hauptquerträger, die Kopfstücke und weitere Hilfsquerstreben zu einem Rahmen verbunden. In der Mitte ist eine Übergangsbrücke mit Trittstufen. An jedem Wagenende sind auf der linken Seite eine Trittstufe und ein Klappgriff, die durch Kupplergriffe, Signalstützen und Seilhaken ergänzt werden. Container und Wechselaufbauten unterschiedlicher Längen lassen sich auf 28 klappbare Aufsetzzapfen aus Stahlguss mit hoher Festigkeit absetzen. Tritte, Griffe und Zettelkästen ergänzen die Ausstattung.

Mit den klappbaren Aufsetzzapfen können Container und Wechselaufbauten unterschiedlicher Länge befördert werden. Am 18. Mai 2011 fährt der Sgnss 735, 31 80 455 2 686-6, durch München-Ost.

Sdggmrs(s) 738

Zweiteiliger Containertragwagen

Die zweiteiligen Gelenk-Taschenwagen Sdggmrs(s) 738 kamen 2013 und 2015 in 540 Exemplaren zu DB Cargo (Sdggmrs 738.1, Nummer 31 80 495 5 344-6, Stuttgart, 25. August 2015).

TECHNISCHE DATEN
Länge ü. Puffer: 34.200 mm
Drehzapfenabstand: 2 x 14.200 mm
Ladelänge: 2 x 13.600 mm
Lastgrenze DS: 100.000 kg
Eigenmasse: 35.000 kg
Drehgestelle: Y25 Lssi1
Bremse: 2 x DK-GP-A (K)
Erstes Baujahr: 2013

Die ab 2013 von Tatravagónka Poprad in der Slowakei und Ferriere Cattaneo in der Schweiz für die DB AG gebauten zweiteiligen Gelenktaschenwagen Sdggmrss 738 gehören zum Typ T3000e und sind eine Weiterentwicklung der Sdggmrs 717.

Die Wagen laufen auf drei Drehgestellen der Bauart Y25 Lssi 1 mit Schraubenfedern. Jede Hälfte hat eine Druckluftbremse der Bauart DK-GP-A mit Kunststoff-Bremssohlen. Sie ist so ausgelegt, dass die Wagen auch beladen 120 km/h schnell fahren dürfen (Kennbuchstaben „ss“). 2015 beschaffte die Bahn noch einmal 290 dieser Wagen. Sie sind jedoch nicht ss-fähig und werden als Sdggmrs 738.1 in den Bestandslisten geführt.

Auf den Fahrzeugen können entweder zwei Sattelauflieger oder bis zu vier Wechselbehälter befördert werden. Für letztere sind klappbare und feste Aufsetzzapfen vorhanden. Die Königszapfen der Sattelauflieger ruhen auf Stützböcken, die dreifach verstellbar sind. Weil die Böcke nur 880 cm hoch und die Taschen in der Mitte der Wagen für die Räder der Auflieger entsprechend tief sind, können Auflieger bis zu einer Höhe von 4.000 mm auf den verkehrsroten Einheiten befördert werden.

Außer Sattelauflieger können auch Wechselcontainer auf den Sdggmrs(s) 738 transportiert werden (Sdggrms 738.1, Nummer 31 80 495 5 328-8, Würzburg, 10. Juli 2015).

Sdgmns 743

Vierachsiger Taschenwagen

Die Sdgmns 743 gehören zur zweiten Generation dieser Bauform. Sie sind knapp zwei Meter länger als ihre Vorgänger (Sdgmns 743, 31 80 451 2 036-3, Brenner).

Ende der 1980er-Jahre begann das BZA Minden mit der Entwicklung eines neuen Taschenwagens, denn auf den ab 1973 beschafften Sdgkms 707 konnten die neueren, längeren und schwereren Sattelanhänger nicht mehr befördert werden. Kombiwaggon entschied sich für eine Ausführung als Einzelwagen und bestellte bei Talbot 170 Sdgmns 743. Ab 1996 übernahm die Deutsche Bahn die Wagen.

Die Fahrzeuge laufen auf eigens für sie entwickelten Drehgestellen der Bauart 627 (Y25 Lss). Die Wagen haben eine Klotzbremse der Bauart KE-GP-A mit stufenloser, selbsttätiger, pneumatischer Lastabbremsung. Das Untergestell hat in der Mitte nach unten gekröpfte Außenlangträger. Dazwischen befindet sich eine Ladetasche, in die die Radsätze der Sattelauflieger eingestellt werden müssen. Die Tasche wird von Querträgern unterstützt, die auch als feste Radvorleger dienen können. Ein verschiebbarer Stützbock trägt die Sattelplatte des Aufliegers.

TECHNISCHE DATEN
Länge ü. Puffer: 18.340 mm
Drehzapfenabstand: 13.300 mm
Ladelänge: 15.900 mm
Lastgrenze DS: 69.000 kg
Eigenmasse: 21.000 kg
Drehgestelle: 626, 627 (Y25 Lss)
Bremse: KE-GP-A
Erstes Baujahr: 1990

Auf die ab 1980 gelieferten Taschenwagen können Sattelauflieger mit einer Länge bis 13.600 mm befördert werden (Stuttgart, 5. Mai 2015).

Uaaikks 764

Sechsachsiger Tiefladewagen

Die zehn Uaaikks 764 entstanden bei der Waggon Union in Siegen für die DR der DDR (Uaaikks 764, 80 993 6 219-8, Nürnberg Rbf.).

Außer den vierachsigen Tiefladewagen der Bauarten 745 und 749 bestellte die Deutsche Reichsbahn der DDR Mitte der 1980er-Jahre auch Sechsachser. 1986 lieferte die Waggon Union in Siegen zehn dieser Fahrzeuge. Sie ergänzten die zehn 1967 bei La Brugeoise et Nevilles (Belgien) gekauften Tiefladewagen der Bauart SSt 66, die von der DB AG ab 1994 als Uaaik 765 bezeichnet wurden. Auffälligster Unterschied zwischen den beiden Bauarten ist die geschlossene Ladefläche der Uaaikks 764. Bei den Uaaik 765 liegen die vier Langträger offen.

Die dreiachsigen Drehgestelle der Uaaikks 764 entsprechen der Bauart WU 84-14. Sie können um 360° gedreht werden. Die Drehgestellrahmen sind aus Walzprofilen zusammengeschweißt. Parabelfedern verbinden die rollengelagerten Radsätze mit dem Rahmen. Die Druckluftbremse Bauart KE-GP wurde um eine Feststellbremse an jedem Drehgestell ergänzt.

Die Ladebrücke wurde in Steg-Gurt-Bauweise hergestellt und ist komplett geschweißt. Sie endet an beiden Seiten in Übergangsbrücken mit festen Trittstufen und Geländern. Die geschlossene Tiefladefläche ist unbeladen etwas nach oben gewölbt und wird erst unter Last zu einer ebenen Fläche. In die Vorbauten kann eine automatische Mittelpufferkupplung eingebaut werden. Die Ladebrücke ist nach beiden Richtungen um 400 mm verschiebbar. Diese Verschiebemöglichkeit wurde später festgelegt. Das Ladegut lässt sich an Zurrösen und Befestigungsösen sichern.

Nach ihrer Ausmusterung bei der DB AG kamen die Sechsachser zur DB-Tochter NCS und wurden 2006 an die Unternehmensgruppe Daher verkauft.

TECHNISCHE DATEN
Länge ü. Puffer: 22.380 mm
Drehzapfenabstand: 15.500 mm
Ladelänge: 20.000 mm
Tiefladelänge: 9.200 mm
Tiefladehöhe über SO: 739 mm
Ladebreite: 2.500 mm
Lastgrenze D4S: 57.000 kg
Eigenmasse: 42.000 kg
Bremse: KE-GP
Erstes Baujahr: 1986

Am 16. Mai 2016 steht der Uaaiks 764, 35 80 993 6 212-3, in Stuttgart-Untertürkheim.

Uaais 779

Achtachsiger Tiefladewagen

Die beiden achtachsigen Uaais 779 wurden 1978 bzw. 1987 von der Waggon Union in Siegen an die DB geliefert (Uaais 779, 31 80 994 5 901-4, Würzburg Hbf.).

Die DB bestellte im Jahr 1978 den ersten der hier vorgestellten achtachsigen Tiefladewagen. Der Auftrag ging an die Waggon Union in Siegen, die die Uaais 779 herstellte. 1987 bekam die Waggon Union den Auftrag zur Fertigung eines weiteren, baugleichen Wagens. Seit 2006 laufen die Tieflader unter der Regie des Logistik Dienstleisters Nuclear Cargo + Service GmbH (Daher-NCS) mit Sitz in Hanau. Sie tragen nun die Privatwagen-Nummern 35 80 994 5 900-8 und 901-0.

Die vierachsigen Drehgestelle wurden bei der WU aus den zweiachsigen Drehgestellen der Bauart 665 abgeleitet, indem zwei von ihnen aneinander geschweißt wurden. Sie haben Parabelfedern und Trapezschaken. Über dem Drehgestellrahmen liegt ein stabiler Mittellangträger mit Drehpfanne auf dem die Ladebrücke aufliegt. Er stützt sich seinerseits in der Mitte der beiden verbunden Grundrahmen ab. Jedes Drehgestell hat eine eigene, komplette Bremse Bauart KE-GP. Beide sind über eine Luftleitung verbunden. Die Feststellbremse wirkt auf ein Drehgestell.

Die Ladebrücke ist eine Schweißkonstruktion in Steg- und Gurtbauweise. Sie ist oben komplett verblecht und hat eine leichte Vorspannung, die die Tiefladefläche leicht nach oben wölbt. Bohrungen dienen zum Befestigen des Ladeguts. Die Brücke kann sowohl im Tiefladebereich als auch über den Drehgestellen zur Beförderung von Gütern genutzt werden. Bei Bedarf kann die Ladebrücke auch auf Straßenfahrzeuge umgesetzt werden. So lässt sich das Umladen des Transportguts vermeiden.

TECHNISCHE DATEN

- Länge ü. Puffer: 23.070 mm
- Drehzapfenabstand: 15.000 mm
- Tiefladelänge: 7.400 mm
- Tiefladehöhe über SO: 785 mm
- Ladebreite: 2.400 mm
- Lastgrenze CM4: 130.000 kg
- Eigenmasse: 46.000 kg
- Bremse: KE-GP
- Erstes Baujahr: 1978

Die vierachsigen Drehgestelle der Uaais 779 basieren auf der Bauart 665, die von der Waggon Union entwickelt wurde. Für die Tieflader wurde der Radsatzstand verringert und zwei Drehgestelle miteinander verbunden.

Uaais 810

Zehnachsiger Tiefladewagen

Die sieben Tieflader können auch mit Breitspurradsätzen ausgestattet werden. Hier fährt der Uaais 810 mit der Nummer 31 80 995 3 203-0 in Köln-Gremberg ein.

Die Deutsche Reichsbahn der DDR stellte im Jahre 1972 sieben zehnachsige Tiefladewagen der Bauart Uaai in Dienst. Die Wagen wurden bei SFB in Frankreich gebaut. Die Deutsche Bahn übernahm 1994 noch sechs Wagen, rüstete die Bremse mit einem GP-Wechsel aus und reihte sie als Uaais 810 in ihren Bestand ein. 2006 kamen noch zwei Wagen zu Daher-HCS.

Die Wagen laufen auf zwei zweiachsigen und zwei dreiachsigen Drehgestellen. Diese sind in Profil- und Blechbauweise hergestellt und bilden einen geschlossenen Rahmen mit einem Querträger. Die Drehgestelle sind so ausgeführt, dass auch Breitspur-Radsätze eingebaut werden können. Schraubenfedern mit Ausgleichshebel und Reibstoßdämpfer nehmen Schwingungen auf. Jede Laufwerksgruppe hat eine eigene Druckluftbremse. Jedes Drehgestell wird unabhängig von den anderen gebremst. Die komplette Bremsanlage ist inklusive der Bremszylinder in die Drehgestelle integriert. Jede Wagenhälfte hat eine Feststellbremse, die über ein Handrad ein Drehgestell festlegt.

Zwischenbrücken aus Lang- und Querträgern verbinden die beiden Drehgestelle miteinander. Sie sind so konstruiert, dass die Tiefladebrücke manuell mit Hebeln um 300 mm nach rechts oder links verschoben werden kann. An einem Ende dieser Brücken sind Puffer und Kupplungen montiert. Auf dem Rahmen stützt sich über Lastrollen die Tiefladebrücke ab. Die Ladebrücke besteht aus gekröpften Langträgern und ist in der Mitte leicht nach oben vorgesprengt. Der Tiefladebereich ist oben mit einem Blech verkleidet. Bohrungen in diesem Deckblech ermöglichen eine sichere Verankerung des Ladeguts.

TECHNISCHE DATEN
Länge ü. Puffer: 34.500 mm
Drehzapfenabstand: 21.800 mm
Tiefladelänge: 15.000 mm
Tiefladehöhe über SO: 980 mm
Ladebreite: 2.600 mm
Lastgrenze CM4: 40.000 kg
Eigenmasse: 90.000 kg
Bremse: 2 x KE-G, 2 x KE-GP
Erstes Baujahr: 1972

Je ein zwei- und ein dreiachsiges Drehgestell bilden eine Laufwerksgruppe. Sie sind über eine Zwischenbrücke verbunden, die die eigentliche Tiefladebrücke trägt (Uaais 810, Nummer 35 80 995 3 204-8).

Uaai 838

24-achsiger Tragschnabelwagen

Der 24-achsige Uaai 838, Nummer 82 80 996 4 900-0, schließt die Lücke zwischen den 20-achsigen Uaai 836 und den 32-achsigen Uaai 839.

Gleichzeitig mit der Beschaffung des zweiten 32-achsigen Tragschnabelwagens Uaai 839 ließ die Deutsche Bundesbahn 1973 den etwas kleineren Uaai 838 mit 24 Radsätzen bauen. Hersteller war Krupp in Essen.

Jede Wagenhälfte hat drei Drehgestelle mit je vier rollengelagerten Radsätzen. Dabei sind in jedem Drehgestell zur besseren Kurvengängigkeit die Spurkränze bei den beiden mittleren Radsätzen geschwächt. Blattfederpakete mit Einfachschaken gleichen Unebenheiten der Gleise aus. Schraubenzusatzfedern vermindern die Radsatzlasten bei Leerfahrten. Die Bremse der Bauart KE-GP-A hat eine automatische Lastabbremsung und wird durch eine Feststellbremse ergänzt. Bei Unregelmäßigkeiten kann die Notbremse von den Endbühnen aus betätigt werden.

Zwei Drehgestelle sind durch eine kleine Verbindungsbrücke zu einer Einheit zusammengefasst. Eine weitere Brücke verbindet das dritte Drehgestell mit dieser Einheit. Auf dieser Brücke ruhen die Tragschnäbel in Drehpfannen, die nach beiden Seiten um 550 mm verschiebbar sind. Das Ladegut selbst wird mit vier konischen Einhängebolzen in die Traglaschen an den Unterseiten der Tragschnäbel eingehängt. Oben halten Druckspindeln das Ladegut und die Tragschnäbel auf Abstand und sorgen für eine senkrechte Ausrichtung des Ladeguts.

TECHNISCHE DATEN

- Länge ü. Puffer: 51.372 [1]/39.022 [2] mm
- Tiefladelänge: 10.720 mm
- Ladebreite: max. 3.600 mm
- Lastgrenze D4S: 57.000 kg
- Eigenmasse: 187.300/215.000 [1] kg
- Bremse: KE-GP-A
- Erstes Baujahr: 1973
- [1] mit 13.000 mm langen Durchladeträgern
- [2] mit kurzgekuppelten Tragschnäbeln

Der Uaai 838 ist immer mit einem Begleiterwagen unterwegs, in dem das Bedienpersonal mitfährt (Uaai 838, 86 80 996 4 900-6, Bad Honnef).

Uaai 839

32-achsiger Tragschnabelwagen

Mit ihren 32 Radsätzen sind die Uaai 839 die größten Tragschnabelwagen im Spezialwagenpark der DB bzw. Daher-HCS.

Die Tragschnabelwagen der Bauart Uaai 839 markieren mit 32 Achsen und der maximalen Tragfähigkeit von 530.000 kg den Abschluss der Entwicklung dieser Fahrzeuge bei der DB. Die beiden Wagen wurden in Zusammenarbeit der DB mit dem Arbeitskreis „Schwer- und Großraumtransporte" entwickelt. Hersteller waren Krupp in Essen und Krupp Kranbau in Wilhelmshaven. Der erste wurde 1970, der zweite Wagen 1973 geliefert.

Die Wagen verkehren beladen als selbstständige Zugfahrt. Weil sie bei Transporten von einer Mannschaft beaufsichtigt werden, kommt immer ein Begleitwagen mit zum Einsatz.

Die Fahrzeuge bestehen im Prinzip aus zwei Halbwagen, die über das Ladegut miteinander verbunden werden. Jede Hälfte hat vier Drehgestelle mit je vier Radsätzen. Die Spurkränze der inneren Radsätze sind geschwächt. Weil der Zielort des Ladeguts oft nicht an einer Bahnlinie liegt, können die Wagen durch Austausch der Laufwerke in Straßenfahrzeuge umgewandelt werden. Die Knorr-Druckluftbremse Bauart KE-GP-A hat eine automatische Wiegeeinrichtung.

Je zwei Drehgestelle werden durch eine Brücke zu einer Einheit zusammengefasst. Zwei dieser Einheiten sind durch eine große Brücke miteinander verbunden. In der Mitte dieser Verbindungsbrücke stützt sich der Tragschnabel über Drehpfannen ab. Das Unterteil der Drehpfanne ist als Schlitten ausgebildet, sodass sich der Tragschnabel hydraulisch beidseitig bis zu 550 mm aus der Mittellage verschieben lässt.

TECHNISCHE DATEN

Länge ü. Puffer:
49.600 [1]/51.200 [2] mm

Lastgrenzen
20.000 kg Achslast:
467.000 [1]/394.000 [2] kg
21.500 kg Achslast:
515.000 [1]/442.000 [2] kg
22.000 kg Achslast:
530.000 [1]/457.000 [2] kg

Eigenmasse:
173.000 [1]/246.000 [2] kg

Bremse: KE-GP-A

Erstes Baujahr: 1973

[1] ohne Tragschnabel
[2] mit Tragschnabel

Bei Bedarf kann durch Ausbau der beiden mittleren Drehgestelle ein 24-achsiger Wagen hergerichtet werden.

Tamns(x) 893, Tamns 895

Vierachsiger Rolldachwagen

Die Tamns 893 lehnen sich in ihrer Konstruktion stark an die offenen Eanos 052 an (Tamns 893, 31 80 080 6 375-8, Würzburg Hbf.).

TECHNISCHE DATEN (893)
Länge ü. Puffer: 15.740/15.990 [1]*mm
Drehzapfenabstand: 10.700 mm
Ladelänge: 14.492 mm
Ladebreite: 2.720 mm
Lastgrenze DS: 64.000 kg
Eigenmasse: 25.500 kg
Drehgestelle: 652
Bremse: KE-GP
Erstes Baujahr :1987
[1] mit Feststellbremse

Ab Mitte der 1980er-Jahre konnte der Bedarf an Rolldachwagen nicht mehr gedeckt werden, deshalb beschaffte die DB ab 1987 die Tamns 893. Grundlage für Tamns 893 waren die zur gleichen Zeit gebauten Eanos 052. Das Rolldach konnte weitgehend von den Tamns 886 übernommen werden. 1987 lieferte Talbot einen Prototypen und 1988 folgten die 200 Wagen. Weitere 200 wurden 1992 gebaut.

Die 1997 gebauten Tamns 895 bilden derzeit den Abschluss der Entwicklung von Wagen mit Rolldach zur Beförderung von Tonerde bei der DB. Die 800 Vierachser wurden von der Waggonbau Niesky an die DB geliefert.

Die Tamns 893 laufen auf Drehgestellen der Bauart 652 mit zweistufigen Parabelfedern. Sie haben eine Bremse der Bauart KE-GP. Die Tamns 895 sind die ersten Rolldachwagen mit Drehgestellen der Bauart Y25 Lsd mit Schraubenfedern. Sie sind mit einer Druckluft-Bremse der Bauart KE-GP-A ausgestattet.

Das geschweißte Untergestell aus Lang-, Quer- und Pufferträgern trägt das Gerippe des Kastens aus Eck-, Seiten- und Türrungen, die mit einem Obergurt verbunden sind. Im Profil des Obergurts laufen Ketten, an denen das Rolldach befestigt ist. In jeder Seitenwand ist eine zweiflügelige Drehtür. Das PVC-Planendach mit seinen hutförmigen Pfetten ist mit den Ketten verbunden. Mit Handrädern kann das Dach bewegt werden.

TECHNISCHE DATEN (895)
Länge ü. Puffer: 14.040 mm
Drehzapfenabstand: 9.000 mm
Ladelänge: 12.772 mm
Ladebreite: 2.780
Lastgrenze DS: 69.000 kg
Eigenmasse: 20.700 kg
Drehgestelle: 628, 629 (Y25 Lsd) 628.1, 629.1 (Y25 Lsd)
Bremse: KE-GP-A
Erstes Baujahr: 1997

Die Tamns 895 sind die neuesten Fahrzeuge, die die DB zur Beförderung von Tonerde in ihrem Bestand hat (Tamns 895, Nummer 81 80 080 3 360-2, Bietigheim-Bissingen).

Taoos(-y, -z) 894

Kalitransportwagen

Durch das einteilige Schwenkdach konnten die Beladezeiten deutlich verringert werden. Die Aufnahme zeigt den Taoos-y 894, 31 80 069 5 195-4, in Schwandorf.

Mitte der 1990er-Jahre entsprachen die vierachsigen Kalitransportwagen Uaoos-y 948 nicht mehr den gültigen Sicherheitsvorschriften. Die DB konnte aber auf die Wagen noch nicht verzichten und entschloss sich zum Umbau in Taoos(-y, -z) 894. Die Wagen bekamen ein einteiliges Schwenkdach. Das Werk Zwickau bekam den Auftrag für den Umbau und lieferte zunächst einen Probewagen. Der serienmäßige Umbau umfasste 330 Wagen. Später kamen noch 140 Uaoos-y 948 hinzu.

Die Drehgestelle der Bauart Y25 Cs wurden von den Spenderwagen übernommen. Das Bremsgestänge ist an Hilfsträgern montiert. Die Radsätze mit Vollrädern laufen in Zylinderrollenlagern. Die Bauart hat einen zweistufigen, pneumatischen Lastwechsel.

Das geschweißte Untergestell kommt ohne Mittellangträger aus. Das ebenfalls geschweißte Kastengerippe setzt sich aus Walzprofilen zusammen, die von außen mit korrosionsbeständigen Blechen verkleidet sind. Versteifungen und zusätzliche Abstützungen gegen das Untergestell geben dem Laderaum die nötige Stabilität. Der Laderaum teilt sich im unteren Bereich in vier Entladetrichter, die jeweils in einer Entladeöffnung mit Schieber münden. Die gewölbten Entladeschieber werden über Handräder in der Mitte der Längsseite bedient. Dabei öffnen und schließen sich jeweils eine äußere und die benachbarte innere Luke gemeinsam. Ein mechanischer Antrieb ermöglicht es, dass alle vier Luken gleichzeitig bewegt werden können. Außen am Wagenkasten sind Bleche angebracht, auf die das Personal schlagen kann, damit das Ladegut vollständig ausfließt.

Das einteilige Schwenkdach bedeckt die gesamte Beladeöffnung und gibt sie auf einmal frei. Das Dach lässt sich über Hebel von der Stirnbühne aus bewegen. Federn erleichtern dem Personal die Bedienung. Seilhaken, Zettelhalter und Signalstützen entsprechen den Vorgaben der UIC.

TECHNISCHE DATEN

Länge ü. Puffer: 16.000 mm

Drehzapfenabstand: 10.960 mm

Ladelänge: 10.120 mm

Ladebreite: 1.200 mm

Lastgrenze CS: 55.500 kg

Eigenmasse: 24.500 kg

Drehgestelle: 839 (Y25 Cs)

Bremse: KE-GP

Erstes Baujahr: 1995

Tanoos(-z) 896, Tagnoos 898

Kalitransportwagen

Die ab 1998 beschafften Tanoos 896 ergänzen den Bestand der Taoos-y 894. Sie sind etwa zwei Meter länger als ihre Vorgänger (Tanoos 896, 31 80 068 9 257-0, Schwandorf).

TECHNISCHE DATEN (896)
Länge ü. Puffer: 15.800 mm
Drehzapfenabstand: 10.760 mm
Ladelänge: 11.000 mm
Ladebreite: 1.200 mm
Lastgrenze DS: 66.000 kg
Eigenmasse: 23.800 kg
Drehgestelle: 681.0–.3, 685.4–.6 (Y25 Lsd)
Bremse: KE-GP-A
Erstes Baujahr: 1998

Die 1998 beschafften Tanoos 896 hatten sich schon nach kurzer Einsatzzeit bewährt. Allerdings genügten die knapp 700 Wagen nicht, um die alten Td(g) zu ersetzen. Außerdem waren die Tanoos 896 nicht für die Beförderung von Lebensmitteln zugelassen. Deshalb bestellte die Bahn eine Nachfolgebauart, die sich auch für diesen Einsatz eignet. Wegen der geringen Dichte des Ladeguts konnte der Laderaum der Wagen gegenüber den Tanoos 896 um 15 m³ auf 90 m³ vergrößert werden. Die Länge über Puffer vergrößerte sich von 15.800 mm auf 17.180 mm bei den 300 Tagnoos 898.

Die Drehgestelle entsprechen in ihrem Aufbau der Bauart Y25 Lsd. Die Bremse hat eine automatische Lastabbremsung und Doppelbremszylinder, der seine Kraft über ein Gestänge auf die Bremsklötze überträgt.

Das geschweißte Untergestell umschließt die vier Entladetrichter. Der Wagenkasten aus korrosionsbeständigem Stahl wird unten durch drei Querwände in vier Kammern geteilt. Durch die Entladeschieber kann das Ladegut zwischen die Gleise in Tiefbunker ausfließen. Sie werden paarweise mit Handrädern von den Längsseiten aus bedient. Ein abgedichtetes Schwenkdach schließt die Beladeöffnung ab. Es wird von einer Bedienbühne aus manuell bewegt und bleibt auch in geöffnetem Zustand innerhalb des Umgrenzungsprofils.

TECHNISCHE DATEN (898)
Länge ü. Puffer: 17.180 mm
Drehzapfenabstand: 12.140 mm
Ladelänge: 12.900 mm
Ladebreite: 1.200 mm
Lastgrenze DS: 65.500 kg
Eigenmasse: 24.500 kg
Drehgestelle: 685.0–.2 (Y25 Lsd)
Bremse: KE-GP-A (K)
Erstes Baujahr: 2004

Die vierachsigen Tagnoos 898 dienen zur Beförderung von Getreide und Futtermitteln (Tagnoos 898, 31 80 065 1 002-4, Warstein).

Sahimms(-u) 900

Sechsachsiger Coiltransportwagen

Die sechsachsigen Haubenwagen Sahimms-u 900 ergänzen die vierachsigen Shimmns 708 und sind für besonders schwere und große Blechrollen vorgesehen (Sahimms-u 900, 31 80 487 6 894-5, Böblingen).

Fünf Jahre nach den vierachsigen Coiltransportwagen der Bauart Shimmns 708 beschaffte die DB die sechsachsigen Fahrzeuge der Bauart Sahimms-u 900 zur Beförderung besonders großer und schwerer Blechrollen. Zunächst entstand 1981 ein Prototyp, der in Zusammenarbeit von LHB und Talbot entwickelt wurde. Der Serienbau von 300 Wagen begann erst 1984. Weitere 150 Exemplare wurden ab 1987 von der Waggonbau Niesky gefertigt.

Die dreiachsigen Drehgestelle gehören zur Bauart 713 und haben einen Achsstand von 2 x 1.700 mm. Blatttragfedern und einfache lange Schaken verbinden die rollengelagerten Radsätze mit den geschweißten Rahmen. Die Bremse der Bauart Knorr KE-GP mit zwei Bremszylindern ist bei einigen Wagen um eine Feststellbremse ergänzt. Sie wirkt auf ein Drehgestell und wird mit einem Handrad vom Boden aus bedient.

Die Schraubenkupplung mit Zughaken kann gegen eine automatische Mittelpufferkupplung getauscht werden.

Das geschweißte Untergestell mit Lang-, Quer- und Kopfträgern bildet fünf Lademulden für kalte, witterungsempfindliche Blechrollen.

Vier auf Rollen laufende Stahlhauben geben jeweils rund 40 % der Ladelänge frei, indem die größeren mittleren Hauben manuell über die kleinen äußeren geschoben werden. Die Verriegelungsmechanik ist am Langträger unter den Hauben zu finden. Dichtungen an den Stirnseiten der Hauben verhindern das Eindringen von Schmutz.

TECHNISCHE DATEN
Länge ü. Puffer: 15.000 mm
Drehzapfenabstand: 8.000 mm
Ladebreite: 2.400 mm
Lastgrenze D4S: 71.500 kg
Eigenmasse: 33.000 kg
Drehgestelle: 713
Bremse: KE-GP
Erstes Baujahr: 1981

Ein Teil der Wagen ist verkehrsrot lackiert und trägt den Schriftzug „DB Cargo" (Sahimms-u 900, 31 80 487 6 201-3, Ulm Hbf.).

Sahimms(-u) 901

Sechsachsiger Coiltransportwagen

Die sechsachsigen Wagen der Bauart Sahimms 901 wurden mit einteiligen Gewebeplanen statt mit vierteiligen Stahlhauben geliefert (Sahimms-u 901, 31 80 487 7 131-7, Bremen Hbf.).

TECHNISCHE DATEN

- Länge ü. Puffer: 16.400 mm
- Drehzapfenabstand: 9.400 mm
- Ladebreite: 2.495 mm
- Lastgrenze DS: 70.000 kg
- Eigenmasse: 34.700 kg
- Drehgestellle: 714
- Bremse: KE-GP
- Erstes Baujahr: 1991

Vier Jahre nach den letzten sechsachsigen Coiltransportwagen der Bauart Sahimms 900 mit vier Stahlhauben beschaffte die DB ab 1991 ähnliche Wagen. Sie besaßen eine einteilige Gewebeplane für witterungsempfindliche Blechrollen. In ihrer Konstruktion entsprechen die 100 von Graaff in Elze gebauten Sahimms(-u) 901 den zur gleichen Zeit gefertigten offenen Coiltransportwagen der Bauart Sahmms 711.

Die dreiachsigen Drehgestelle Bauart 714 haben neunlagige Blattfederpakete mit einfachen Schaken. Die Radsätze sind rollengelagert und haben einen Achsstand von 2 x 1.700 mm. Für die Bremse wurde eine zweistufige, pneumatische Lastabbremsung gewählt.

Quer in das Untergestell eingeschweißte Bleche bilden die sieben Lademulden. Zwischen beiden Stirnwänden schließt eine einteilige, PVC-beschichtete Gewebeplane den Wagenkasten ab. Die an den Stirnseiten gedichtete Plane wird von 15 Rohrspriegeln, die unten in Schienen auf den Langträgern laufen, in Form gehalten. Die Vierpunkt-Zentralverriegelung kann vom Boden oder von Laderampen aus bedient werden. Ist die Plane geöffnet, gibt sie ca. 2/3 der Ladefläche frei.

Unter der Plane befinden sich fünf Mulden in die Coils mit unterschiedlicher Breite und Durchmesser eingelegt werden können (Sahimms 901, 31 80 487 7 039-6).

Ucs 908, Ucs 909

Zweiachsiger Staubgutwagen

Zwei Behälter mit einem Fassungsvermögen von 12,5 m³ oder 13,5 m³ kennzeichnen die Ucs 908 (Ucs 908, Nummer 21 80 910 5 991-1, Würzburg).

Zur Beförderung staubförmiger Güter beschaffte die DB spezielle Staubgutwagen. 1953 lieferte Talbot zehn Wagen mit zwei Behältern, die durch Dachluken beladen und mittels Druckluft über Schlauchleitungen entladen werden können. Die Wagen bewährten sich und von 1955 bis 1964 wurden über 1.000 Ucs 908 gebaut. Die ersten Behälter hatten ein Volumen von 12,5 m³, später wurden Behälter mit 13,5 m³ gewählt. Parallel entstanden die Ucs 909 mit einem Volumen von 2 x 17 m³. Wegen der hohen Aufbauten dürfen sie im Ausland nur mit Sondergenehmigung fahren.

Das diagonalsteife Untergestell wurde aus Walzprofilen gefertigt. Der Aufbau besteht aus zwei zylinderförmigen Behältern mit Druckmanometern und Sicherheitsventilen.

TECHNISCHE DATEN
Länge ü. Puffer: Ucs 908: 8.450 mm Ucs 909: 8.450/9.040 mm
Achsstand: 5.000 mm
Laderaum Ucs 908: 2 x 13,5 m³ Ucs 909: 2 x 17 m³
Lastgrenze CS: 29.000 kg
Eigenmasse: ca .11.500 kg
Bremse: KE-GP
Erstes Baujahr: 1953

Das Fassungsvermögen der Ucs 909 beträgt 2 x 17,5 m³. Sie dürfen wegen der hohen Behälter im Ausland nur mit Sondergenehmigung eingesetzt werden (Ucs 909, Nummer 48 80 910 7 005-9, Tamm).

Td(g)s(-v, -z) 930/932

Zweiachsiger Schwenkdachwagen

Die Wagen werden durch manuell zu bedienende Rundschieber entladen. Dazu ist eine Stirnbühne mit Handhebeln vorhanden (Tds 930, Nummer 21 80 072 3 448-5, Stuttgart).

TECHNISCHE DATEN
Länge ü. Puffer: 9.640 mm
Achsstand: 6.000 mm
Ladelänge: 7.900 mm
Ladebreite: 1.200 mm
Laderaum: 38,0 m³
Lastgrenze CS: 27.000 kg
Eigenmasse: 12.600 kg
Bremse: KE-GP
Erstes Baujahr: Tds 930: 1962 Tds 932: 1977

Der Bedarf an Schüttgutwagen mit Schwenkdach konnte Anfang der 1960er-Jahre durch die vorhandenen Wagen nicht gedeckt werden. Deshalb beschaffte die DB die Tds 930. Sie unterscheiden sich von den Vorgängern Td 925 und Td 928 vor allem durch einen größeren Laderaum, der bei leichteren Schüttgütern eine bessere Ausnutzung der Lastgrenzen ermöglicht. Um den Bestand weiter zu vergrößern, lies die DB zwischen 1977 und 1979 1.500 offene Fcs mit einem Schwenkdach ausstatten und reihte sie als Td(g)s(-v, -z) 932 ein.

Die Laufwerke haben rollengelagerte Monobloc-Radsätze nach den Vorgaben des UIC. Doppelschaken und Blattfedern verbinden sie mit dem Untergestell.

Das geschweißte Untergestell besteht aus Walzprofilen. An einem Ende ist eine Übergangsbühne. Der Wagenkasten bildet unten zwei Trichter, die oben durch einen Oberkasten verbunden sind. Eine Wand teilt den Laderaum in zwei Kammern. Die Entladeschieber am unteren Ende der Trichter werden mit Handhebeln von der Stirnbühne aus bedient. Das einteilige Schwenkdach wird ebenfalls von der Stirnbühne aus über ein Handrad bedient und schwenkt nur auf eine Seite.

Die Td(g)s(-v, -z) 932 entstanden durch Ausrüstung offener Fcs 090 mit neuem Oberkasten und Schwenkdach (Tds-z 932, 21 80 072 1 619-3, Koblenz, 2. Juli 2015).

Td(g)s(-y, -z) 938/939/940/941/942

Zweiachsiger Schwenkdachwagen

Das Raw Magdeburg arbeitete 1991 bis 1993 über 800 Exemplare der Bauart Td(g) 937 auf. Die DB reihte sie als Td(g)s(-z) 940 ein (Tds 940, Nummer 21 80 073 9 675-5, Böblingen, 11. August 2016).

Auch die DR der DDR benötigte zweiachsige Schwenkdachwagen. Die Beschaffung dieser Wagen begann 1971 mit den Tds 935 und endete 1993 mit der Fertigung der Tds 940, 941 und 942. Bei diesen drei Bauarten handelt es sich aber nicht um neue Wagen. Es wurden verschlissene Fahrzeuge der Bauarten Tds 936, 937 und 938 für den Weiterbetrieb aufgearbeitet. Die Bauarten unterscheiden sich durch die Lieferfirmen und das Ladegut, das sie befördern dürfen.

Alle Wagen laufen auf rollengelagerten Vollradsätzen mit Blattfedern und Doppelschaken. Auch die KE-GP-Bremse ist allen gemeinsam.

Das Untergestell aus Stahlprofilen und Blechen trägt über senkrechten Stützblechen den trichterförmigen Wagenkasten. Eine Querwand teilt den Kasten unten in zwei Kammern, die in zwei Entladeschiebern enden. Die Schieber werden von der Entladebühne aus bedient und können in mehreren Stellungen arretiert werden. Von der Bühne aus lässt sich auch das Dach bewegen. Das geöffnete Dach bleibt innerhalb des Umgrenzungsprofils, sodass die Wagen auch so verschoben werden dürfen.

TECHNISCHE DATEN
Länge ü. Puffer: 9.640 mm
Achsstand: 6.000 mm
Ladelänge: 8.000 mm
Ladebreite: 1.200 mm
Laderaum: 38,0 m³
Lastgrenze CS: 26.500 kg
Eigenmasse: 13.500 kg
Bremse: KE-GP
Erstes Baujahr: Tds 938: 1975 Tds 939: 1978 Tds 940, 941, 942: 1992

Die zweiachsigen Schwenkdachwagen der Bauart Tds 941 wurden 1994 aus dem Bestand der DR der DDR übernommen (Tdgs-z 941, 21 80 075 3 156-7, Stuttgart-Untertürkheim, 14. November 2014).

Ta(d)gs(-y, -z) 957/958

Vierachsiger Schwenkdachwagen

Die Tad(g)s(-y) 957 haben bei gleicher Länge einen 16 m³ größeren Laderaum als die Vorgänger Tad(g)s-y 958 (Tadgs-y 957, 31 80 082 4 081-0, Stuttgart).

TECHNISCHE DATEN
Länge ü. Puffer: 19.040 mm
Drehzapfenabstand: 14.000 mm
Ladelänge: 14.614 mm
Ladebreite: 1.200 mm
Laderaum: 82,5 m³
Lastgrenze CS: 53.000 kg
Eigenmasse: 26.800 kg
Drehgestelle: 866 (Y25 Rs)
Bremse: KE-GP
Erstes Baujahr: Tads 957: 1985 Tads 958: 1976

Zwischen 1976 und 1979 beschaffte die DR 1.500 Schwenkdachwagen Tad(g)s(-y, -z) 958 in Frankreich. Damit konnte sie die Nachfrage nach diesen Wagen aber noch nicht decken. Außerdem hatte sich im Betrieb gezeigt, dass bei einem Laderaum von 66,5 m³ mit Getreide als Ladegut die Lastgrenzen nicht ausgenutzt werden konnten. Die Reichsbahn entschied deshalb, Selbstentladewagen mit größerem Laderaum zu beschaffen. Ein Auftrag über 500 Schwenkdachwagen ging an den französischen Waggonbauer Arbel Industrie in Douai und an die belgischen Waggonfabriken La Brugeoise et Nivelles. 1985 und 1986 wurden die Wagen geliefert.

An beiden Enden des Untergestells sind Bühnen montiert. Von hier aus werden die Hebel der Entladeschieber und das Handrad des Dachs bedient. Der geschweißte Wagenkasten ist aus korrosionsträgem Stahl gefertigt. Querwände unterteilen den Laderaum in vier Kammern. Wagen mit dem Kennbuchstaben „y" haben eine Innenbeschichtung aus Epoxidharz. Jede Ladekammer wird durch zwei Wölbschieber mit Gleitbodenverlängerungen entleert. Jeder Schieber kann separat bedient werden.

Die Beladeöffnung der Tad(g)s(-y) 957 wird mit einem einschaligen Hub-Schwenkdach verschlossen. Wird das Dach geöffnet, so hebt es sich zunächst um 60 mm an und schwenkt dann auf eine Seite.

Von der Bauart 958 kamen zwischen 1976 und 1979 1.500 aus Frankreich zur Reichsbahn der DDR (Tads-y 958, 31 80 082 0 809-8, Troisdorf).

Tadgs(-v) 959, Tads 960

Vierachsiger Schwenkdachwagen

Die vierachsigen Tadgs 959 entstanden bei der DB als Weiterentwicklung der zweiachsigen Tdgs (Tadgs 959, 31 80 084 4 059-2, Böblingen, 20. Juli 2014).

Neben den zweiachsigen Selbstentladewagen mit verschließbarer Ladeöffnung der Bauart Tdgs stellte die Deutsche Bundesbahn ab 1972 auch vierachsige Wagen dieses Typs für die Beförderung nässeempfindlicher Schüttgüter wie Getreide und Tierfutter in Dienst. 1970 wurde bereits unter der Bezeichnung Tadgs 965 ein Prototyp abgeliefert, dem zwei Jahre später der erste Vorserienwagen der Tadgs 959 folgte. Die Beschaffung der ersten Serie begann 1973, die letzten Wagen wurden 1985 ausgeliefert. Insgesamt wurden 1.386 Wagen in Dienst gestellt.

Zwischen 2004 und 2006 bekamen 110 Tadgs 959 neue, besonders dicht schließende Gummidichtungen. Die nun als Tads 960 bezeichneten Wagen können zur Beförderung besonders feinkörniger und aggressiver Schüttgüter wie Quarzsand genutzt werden.

Die bis 1978 gebauten Wagen haben Drehgestelle der Bauart Minden-Siegen 661 bzw. 661.1 mit Blattfedern und einfachen Langschaken. Später wurden Drehgestelle der Bauart Y25 Cs mit Schraubenfedern verwendet. Alle Wagen haben eine Knorr-Druckluftbremse der Bauart KE-GP mit einem Bremszylinder und manuell umzustellender Lastabbremsung.

Verschweißte Walzprofile bilden das Untergestell. An beiden Stirnseiten sind Entladebühnen mit Trittstufen und Geländer angebracht. Im unteren Bereich besteht der Wagenkasten aus vier trichterförmigen Ladekammern, die sich im oberen Bereich zu einem einzigen Laderaum vereinigen. Jeder dieser Trichter verfügt über beidseitig angeordnete Entladeschieber, die über einen Handhebel und ein Gestänge von den stirnseitigen Entladebühnen aus geöffnet und geschlossen werden können.

TECHNISCHE DATEN
Länge ü. Puffer: 21.640 mm
Drehzapfenabstand: 16.600 mm
Ladelänge: 16.800 mm
Ladebreite: 1.200 mm
Laderaum: 80,0 m^3
Lastgrenze CS: 55.000 kg
Eigenmasse: 24.400 kg
Drehgestelle: 621 (Y25Cs)
Bremse: KE-GP
Erstes Baujahr: 1972

Für die Beförderung von Quarzsand oder Kalkmehl stattete die DB 110 Tadgs 959 mit neuen Dichtungen aus und reihte sie als Tads 960 ein (Tadgs 960, 31 80 083 4 050-3).

Talns 968

Vierachsiger Schwenkdachwagen

Die Talns 968 lehnen sich in ihrer Konstruktion an die offenen Schüttgutwagen Fals 182 an (Talns 968, 31 80 066 5 064-8, Neuwied).

TECHNISCHE DATEN
Länge ü. Puffer: 12.540 mm
Drehzapfenabstand: 7.500 mm
Ladelänge: 11.160 mm
Ladebreite: 1.200 mm
Laderaum: 71,5 m³
Lastgrenze D4S: 65.500 kg
Eigenmasse: 24.800 kg
Drehgestelle: 665, 652
Bremse: KE-GP
Erstes Baujahr: 1981

Die Konstruktion der ab 1981 gelieferten Talns 968 ist an die ebenfalls 1981 gelieferten offenen Fals 182 angelehnt. Die Talns 968 werden überwiegend im Kali-Verkehr eingesetzt. Schon nach kurzer Zeit zeigten sich Schäden durch das aggressive Ladegut. Deshalb orderte die DB 1984 drei Versuchswagen mit Kasten aus Edelstahl. Außerdem wurden an sechs Serienwagen Korrosionsschutzmaßnahmen durchgeführt. Nach Auswertung der Versuche stellte die Deutsche Bundesbahn 50 als Talns 968.3 bezeichnete Wagen in Dienst.

Die 1981 gebauten Wagen laufen auf Drehgestellen Bauart 665, für die ab 1984 gebauten wurden Drehgestelle Bauart und 652 verwendet.

Die Stahlprofile des Untergestells tragen die Platten des sattelförmigen Bodens. Feste Stirnwände und der Oberkasten bilden den Wagenkasten. Ein Quersattel teilt den Laderaum in zwei Kammern. Im unteren Bereich des Oberkastens sind an den Längsseiten je zwei Entladeklappen aufgehängt, die mit Daumenwellen verschlossen werden. Das einteilige, nach oben gewölbte Dach besteht aus einer Stahlkonstruktion.

Ab 2006 wurden Wagen für die Beförderung von Salz hergerichtet, in Talns-x 968 umgezeichnet und in den Nummernkreis 067 1 000 ff eingeordnet (Talns-x 968, 31 80 067 1 245-5, Stuttgart, 10. April 2015).

Talns 969/970/971/972

Vierachsiger Schwenkdachwagen

Während die ersten Talns 970 ab 1998 aus Talns 969 umgebaut wurden, entstanden ab 2000 neue Wagen, zu denen auch die Talns 970 gehören (Talns 970, 82 80 066 5 877-1, Würzburg).

Parallel zu den offenen Schüttgutwagen Falns 121 gab die DB Anfang der 1990er-Jahre auch eine Version mit verschließbarer Beladeöffnung in Auftrag. Aus zwei Prototypen entstanden 1995 die Talns 969 mit hydraulischen Entladeklappen. Auf eine Steuerung der Klappen per Funk wurde verzichtet. Dies erwies sich als Nachteil, sodass sich die DB ab 1998 zur Nachrüstung von 45 Talns 969 mit einer Funknahsteuerung entschloss, die als Talns 970 eingereiht wurden. 2000 und 2001 folgte eine erste Neubauserie. Weil damit der Bedarf aber noch nicht gedeckt werden konnte, stellte die DB 2004 weitere Neubau-Talns 970 in Dienst, denen 2008 50 Talns 971 folgten, die 500 mm länger sind. Die 2009 gebauten 40 Talns 972 sind wieder 12.540 mm lang.

Die durch Umbau entstandenen Talns 970 laufen auf Drehgestellen der Bauarten 642 und 643. Bei den Neubauwagen wurden Drehgestelle der Bauarten 628 und 629 verwendet. Alle Wagen haben eine Druckluftbremse der Bauart Knorr KE-GP-A.

Untergestelle und Wagenkästen sind in Ganzstahlbauweise hergestellt. Vier seitliche Klappen entlassen das Ladegut in Tiefbunker. Ein einteiliges Schwenkdach verschließt die Beladeöffnung.

TECHNISCHE DATEN

Länge ü. Puffer
969, 970, 972: 12.540 mm
971: 13.040 mm

Drehzapfenabstand
Talns 970, 972: 7.200 mm
Talns 971: 7.700 mm

Ladelänge
Talns 970: 11.800 mm
Talns 971: 12.300 mm
Talns 972: 11.160 mm

Ladebreite: 1.200 mm

Laderaum
Talns 970, 971: 77,5 m^3
Talns 972: 71,5 m^3

Lastgrenze D4S: 65.500 kg

Eigenmasse: ca. 25.000 kg

Drehgestelle:
628.5, 629.5 (Y25 Lsd)
628.8, 629.8 (Y25 Lsd1)

Bremse: KE-GP-A

Erstes Baujahr
Talns 970: 1998
Talns 971: 2008
Talns 972: 2009

Für die Beförderung aggressiver Ladegüter sind die Talns 972 mit einem besonderen Korrosionsschutz ausgestattet (Talns 972, 31 80 067 2 009-4, Stuttgart, 23. September 2014).

Wagen-Anschriften

50 80 36-81 027-5 DABpza 786

Im Jahr 1966 gab es grundlegende Veränderungen beim Nummernsystem der Reisezug- und Güterwagen.
Der zunehmende grenzüberschreitende Einsatz der Wagen und die Möglichkeit der elektronischen Datenverarbeitung erforderten ein nummerisches System, in dem jede Wagennummer nur einmal vorkommt.
Deshalb verabschiedeten die UIC und die OSShD ein internationales Bezeichnungssystem, das sich aus einer elfstelligen Wagennummer und einer zugehörigen Kontrollziffer zusammensetzt.

1. und 2. Ziffer: Austausch

00 Fahrzeug ist ausgemustert
50 Wagen ohne RIC
51 Wagen mit RIC, nicht klimatisiert, nicht Bahndienstwagen
52 Reisezugwagen mit RIC für den uneingeschränkten Auslandseinsatz, umspurbar
55 Privater Reisezugwagen ohne RIC für den Binnenverkehr, Auslandszulassungen nach besonderer Vereinbarung
56 Privater Reisezugwagen mit RIC für den uneingeschränkten Auslandseinsatz
57 Wagen für den Verkehr mit Bahnen der OSShD zugelassen
60 Bahndienstwagen, Reisezugwagenbauart ohne RIC
61 Wagen mit RIC, klimatisiert, nicht Bahndienstwagen
62 Wagen mit RIC, klimatisiert, nicht Bahndienstwagen, umspurbar
63 Bahndienstwagen, Reisezugwagenbauart mit RIC
65 Autotransportwagen, Güterwagenbauart ohne RIC
70 Druckertüchtigte und klimatisierte Fahrzeuge des Binnenverkehrs
71 WL des internationalen TEN-Pools
73 Druckertüchtigte und klimatisierte RIC-Fahrzeuge
75 Reisezugwagen privater Einsteller

3. und 4. Ziffer: Verwaltung

80 DB (Deutsche Bahn AG)

5. Ziffer

0 Post- und Privat- sowie Schlafwagen der CIWLT
1 Sitzwagen 1. Klasse
2 Sitzwagen 2. Klasse
3 Sitzwagen 1. und 2. Klasse
4 Liegewagen 1. Klasse, Liegewagen 1. und 2. Klasse
5 Liegewagen 2. Klasse
6 Schlafwagen
7 Schlafwagen und Wagen der Sonderbauarten
8 Wagen der Sonderbauarten
9 Reisezug-Gepäckwagen

6. Ziffer (mit 5. Ziffer)

00 Postwagen
06, 07 Schlafwagen, die noch nicht in den internationalen WL-Pool eingebracht und noch nicht für den nationalen Park kodifiziert sind

bei A-Wagen
10 10 Abteile
11 11 Abteile
12 12 Abteile
16 Doppelstockwagen
17 7 Abteile
18 8 Abteile
19 9 Abteile

bei B-Wagen
20 10 Abteile
21 11 Abteile
22 12 Abteile
23 3-achsige Wagen
25 Doppelstockwagen
26 Doppelstockwagen
27 7 Abteile
28 8 Abteile
29 9 Abteile

bei AB-Wagen
30 10 Abteile
31 11 Abteile
32 12 Abteile
36 Doppelstockwagen
37 7 Abteile
38 8 Abteile
39 9 Abteile

bei Liegewagen
43–45 Ac- und AcBc-Wagen
50 10 Abteile
51 11 Abteile
52 12 Abteile
59 9 Abteile

bei Schlafwagen
71 WLAB mit 33 Plätzen
72 WLAB mit 36 Plätzen
75 WLABs mit 20 Plätzen

bei sonstigen Wagen
80 Steuerwagen mit Mehrzweckraum

81 Halbgepäckwagen mit 1.-Klasse-Abteilen
82 Halbgepäckwagen mit 2.-Klasse-Abteilen

84 Halbspeisewagen mit 1.-Klasse-Abteilen
85 Halbspeisewagen mit 2.-Klasse-Abteilen
88 Speisewagen
89 Gesellschaftswagen
92 Gepäckwagen
95 Gepäckwagen mit Seitengang
96 2-achsige Autotransportwg.
97 3-achsige Autotransportwg.
98 4-achsige Autotransportwg.
99 Bahndienstwagen

7. Ziffer: Geschwindigkeit

0, 1, 2 bis 120 km/h
3, 4, 5, 6 bis 140 km/h
7, 8 bis 160 km/h
9 über 160 km/h

8. Ziffer (mit 7. Ziffer): Heizung

bis 120 km/h

00	a bis d
03, 04	a
05	b
06	a bis c
07	b und c
08	d
10	V, a bis d
11,12, 13, 14, 15	V, a
16	V, a bis c
17	V, b und c
18, 19	V, d
20, 21, 22, 23, 24, 25	V
26, 27, 28	V, b
29	Eigenheizung

bis 140 km/h

30	a bis d
33, 34, 35	a
36	a bis c
37	b und c
38	d
39	a und b
40, 41, 42, 50, 51, 52	V, a bis d
43, 45, 53, 54	V, a
46, 56	V, a bis c
47, 57	V, b und c
48, 58	V, d
59	V, a und d
60 bis 68	V
69	Eigenheizung

bis 160 km/h

70	a bis d
73, 75	a
76	a bis c
77	b und c
78	d
80	V, a bis d
84	V
85	V, a
86	V, a bis c
87	V, b und c
88	V, d
89	Eigenheizung

über 160 km/h

90, 91	a bis d
94, 95	a
92	V, a bis d
93	V, a
96	a bis c
97	b und c
98	d
99	Eigenheizung

V Dampfheizung
a Wechselspannung 1.000 V, 16 2/3 Hz
b Wechselspannung 1.500 V, 50 Hz
c Gleichspannung 1.500 V
d Gleichspannung 3.000 V

9. bis 11. Ziffer: laufende Nummer

12. Ziffer: Kontrollziffer für EDV

Gattungsbuchstaben und Kennbuchstaben bilden das Gattungszeichen. Gattungszeichen und dreistellige Bauartnummer geben die Wagenbauart wieder.

Reisezugwagen

Gattungsbuchstaben

A	Sitzwagen 1. Klasse
AB	Sitzwagen 1. und 2. Klasse
AR	Sitzwagen 1. Klasse mit Küche und Speiseraum
B	Sitzwagen 2. Klasse
Bc	Sitzwagen 2. Klasse mit Liegeeinrichtung (Couchette)
BD	Sitzwagen 2. Klasse mit Gepäckabteil
BR	Sitzwagen 2. Klasse mit Küche und Speiseraum
BS	Sitzwagen 2. Klasse mit Sondereinrichtungen
D	Gepäckwagen
D*	Doppelstockwagen
DD	offener Doppelstock-Gepäckwagen für den Autotransport
K*	Schmalspurwagen
MD	Gepäckwagen der Behelfsbauart, auch als Autotransportwagen
Post	Postwagen
Salon	Salonwagen
WG	Gesellschaftswagen (internationale Bezeichnung SR)
WL*	Schlafwagen
WR	Speisewagen mit den Buchstaben A, B oder AB
WS	Speisewagen (Servicewagen)

*) wird nur vor anderen Gattungsbuchstaben verwendet

Kennbuchstaben

p	klimatisierte Fernverkehrs- und Nahverkehrswagen mit Großraum und Mittelgang
v	klimatisierte Fernverkehrswagen mit weniger als 10 A-, 12 B-, bzw. 5 A- (bei AB) oder 6 B- (Bei BD) Abteilen
o	nicht klimatisierte Fernverkehrswagen in Verbindung mit dem Kennbuchstaben m: weniger als 10 A-, 12 B- bzw. 5 A- (bei AB) oder 6 B- (bei BD) Abteile
i	InterRegio-Wagen in Verbindung mit dem Buchstaben m
c	Abteilwagen mit Sitzplätzen, die in Liegeplätze umgewandelt werden können
n	Nahverkehrswagen mit einer Länge von mehr als 24,5 m, Großraum mit Mittelgang in

der 2. Klasse (12 fiktive Abteile), Mittelgang oder Seitengang in der 1. Klasse, zwei Mitteleinstiegen, geeignet für Wendezugbetrieb (36-polige Steuerleitung)

y Nahverkehrswagen mit einer Länge von mehr als 24,5 m, Großraum mit Mittelgang in der 2. Klasse (11 fiktive Abteile), zwei Mitteleinstiegen, geeignet für Wendezugbetrieb

w klimatisierter Fernverkehrswagen mit weniger Abteilen als unter „v" angegeben

x S-Bahn-Wendezugwagen in Sonderbauart mit einer Länge von mindestens 24,5 m, Großraum mit Mittelgang in der 1. und 2. Klasse, zentraler elektrischer Energieversorgung aus der Zugsammelschiene, Mitteleinstiegen, Hochleistungsbremse der Bauart KE-GPR-A ep

m Fernverkehrswagen mit einer Länge von mehr als 24,5 m mit 10 A, 12 B-, 5 B- (bei AB), 6 B- (bei BD) Abteilen

mm modernisierter m-Wagen

r in Verbindung mit n und bei Bahnpostwagen: mit Hochleistungsbremse der Bauart KE-GPR-Rapidbremse

s Seitengang in Gepäckwagen und Wagen mit Gepäckabteil oder Schlafwagen der Bauart Spezial

b Spezialeinrichtung für Behinderte in Rollstühlen (einschließlich behindertengerechtem WC)

d Wagen mit Einrichtung für Fahrradbeförderung oder Mehrzweckraum

k Reisezugwagen mit:
a) Speiseraum–Restaurant – zur Selbstbedienung bzw. Buffet-Abteil
b) Wirtschafts- und/oder Küchenabteil bzw. Warenautomaten

h Reisezugwagen mit elektrischen Einrichtungen, die sowohl von Achsgeneratoren als auch aus der Zugsammelschiene mit Energie versorgt werden können. Bei Beförderung mit Elloks oder V-Loks mit elektrischer Energieversorgung ist die Zugsammelschiene unter Spannung zu setzen. Die Art der Energieversorgung der Heizung bzw. Klimaanlage – Einspannung, Mehrspannung bzw. Dampfheizung – ist maßgebend für den Einsatz der Wagen auf elektrifizierten und nicht elektrifizierten Strecken

u Reisezugwagen für den Wendezugbetrieb, die mit einer 34-poligen Steuerleitung ausgerüstet sind

uu Reisezugwagen für den Wendezugbetrieb, die mit einer 36-poligen Steuerleitung ausgerüstet sind (gilt nicht in Verbindung mit n)

z Reisezugwagen mit zentraler elektrischer Energieversorgung aus der Hauptheizleitung (Zugsammelschiene)

q Wagen mit Führerstand für Wendezugbetrieb, die mit 34-poliger Steuerleitung ausgerüstet sind – Steuerwagen– (gilt nicht für modernisierte Fahrzeuge bis Baujahr 1991)

f a) Wagen mit Führerstand für Wendezugbetrieb – Steuerwagen (mit 36-poliger Steuerleitung und/oder ZWS)
b) in Verbindung mit u: Führerstand für 34-polige Steuerleitung und/oder ZWS

a Reisezugwagen mit Einrichtungen, die den Betrieb des Abfertigungsverfahrens TAV = Technikbasiertes Abfertigungsverfahren ermöglichen

Die Kennbuchstaben sind in der oben genannten Reihenfolge zu verwenden, Ausnahmen in Verbindung mit AR, BR und bei WLABsm

Güterwagen

Gattungsbuchstaben:

E offene Wagen in Regelbauart
F offene Wagen in Sonderbauart
G gedeckte Wagen in Regelbauart
H gedeckte Wagen in Sonderbauart
K Flachwagen mit zwei Radsätzen in Regelbauart
L Flachwagen mit unabhängigen Radsätzen in Sonderbauart
R Drehgestell-Flachwagen in Regelbauart
S Drehgestell-Flachwagen in Sonderbauart
T Wagen mit öffnungsfähigem Dach
U Sonderwagen
Z Kesselwagen

Kennbuchstaben für alle Bauarten

a mit vier Radsätzen (bei Einzelwagen)
aa mit sechs oder mehr Radsätzen (bei Einzelwagen)
q mit elektrischer Heizleitung für alle Stromarten
qq mit elektrischer Heizleitung und Heizeinrichtung für alle Stromarten
s für „S"-Verkehr zugelassen (Höchstgeschwindigkeit 100 km/h)
ss für „SS"-Verkehr zugelassen (Höchstgeschwindigkeit 120 km/h)

Die übrigen Kennbuchstaben der Güterwagen ändern je nach Gattungsbuchstabe ihre Bedeutung. Deshalb sind die zugehörigen Erklärungen hier nicht aufgelistet.